# データ活用型
# プロジェクトのマネジメント

日下部 貴彦【著】

コロナ社

# まえがき

本書は，データサイエンティストや研究者等が実施するデータ分析の領域だけでなく，これを包含するプロジェクト全体に焦点を当て，データ分析・活用を行う際に必要な基礎知識を整理したものである。昨今，産官学のさまざまな組織がさまざまなプロジェクトでデータを収集し，蓄積することが活発に行われており，大学での学術研究だけでなく企業等でのデータ活用の機会も一般化しつつある。一方で，データ活用の際に留意すべき個人情報保護法をはじめデータ利用に関わる制度も整備されてきており，データそのものに対する技術的視点以外にもデータ活用に必要な知識の領域が広がってきている。このような知識が不十分である場合には，コンプライアンス違反や手戻り等のプロジェクト遂行上のリスクに直結し，プロジェクトの成功の妨げとなることが想定される。このような背景から本書では，データ分析や活用を行うプロジェクトを成功に導くためにメンバーが共通的に持っておくべき基礎知識を網羅的に取り扱うことに主眼をおいた。

これまで筆者は，東京大学空間情報科学研究センターでの専任講師・准教授の在任中に，人の流れをはじめとした都市・交通に関わるデータの収集やこれらのデータを利用した研究を実施してきた。この際には，都市・交通分野のデータがさまざまな企業や行政組織によって分散的に収集されていることに起因したデータ入手手続きの煩雑さやデータクレンジング等の技術的課題等，多くの課題に直面してきた。その後，2021 年 4 月より，「阪急阪神ホールディングス（株）の本社に『データ分析ラボ』を創設し，DX プロジェクトの推進を支援する。」という企業内のプロジェクトのもと，ラボ組織を立ち上げ，チームをリードし，データ分析を業務として確立することをミッションとしたディレクターとして活動している。このプロジェクトの当初は，筆者の大学でのデータ分析の経験を活かしてデータサイエンティストを育成することが，ディレクターの業務として期待されていた。しかし，このための環境を整えるためには，データの収集や管理の手順書や業務フロー等を整備し，データ基盤の企画・運営，データ分析を用いた事業部門へのコンサルティング等を実施する必要があった。このように，企業内でデータサイエンスの知見を活かす環境を構成するための一連の業務を担ったが，このために必要な知識は既往の資料等では整理されたものが少なく，知識の習得やステークホルダーへの展開のために，自ら体系的な整理を行うことが必要であった。また，実際のプロジェクトを推進する過程では，ラボ内でのデータ分析に費やす時間と比べて，データの契約や実装，ステークホルダーへの説明に必要な時間が多く，プロジェクトの構成上は，データサイエンティストが分析を行う工程と同等にこれらの周辺にあるプロセスが重要なことを改めて実感した。

そこで本書では，筆者の上記のような経験で得た知見を中心に，データ活用を行うために必要な一連のプロセスに着目し，実践に必要となる知識を整理した。特に，データ分析を担当するデータサイエンティストだけでなく，プロジェクトオーナー，プロジェクトマネージャー，チームリーダー等のプロジェクトを統括する方にも読んでいただくことで，データ活用・分析を伴うプロジェクトの特性や進行方法等についての共通的な知識を形成し，プロジェクトのより効率的な遂行やより確実な成功に寄与したいと考えて執筆を行っている。なお，本書で示しているプロジェクト構成等の例は，企業でのプロジェクトを中心としているが，プロジェクトの進行については筆者が経験した大学での研究室運営からもヒントを得ており，研究室の主宰者の方などにも是非読んでいただきたい。

本書の執筆にあたっては，山本隆弘氏をはじめ阪急阪神ホールディングス（株）グループ開発室DXプロジェクト推進部およびデータ分析ラボのメンバー，関連する事業会社との取り組みを通じて得た知識・経験が大きな糧となっている。また，（株）ソーシャル・デザイナーズ・ベースの山田菊子氏に，執筆にあたってのきめ細やかなアドバイスをいただいた。親愛なる家族，活動を共にした皆様，コロナ社の皆様をはじめ執筆を支えてくださった多くの皆様に謝意を表します。

2023年11月

日下部　貴彦

# 目　　　次

## 1章　序



## 2章　データ利用の類型と必要なスキルセット



## 3章　データ活用に関連する法令

## 4章　データ活用型プロジェクト



## 5章　データ活用型プロジェクトのマネジメント

## 6章　データ分析の実践

## 7章　集計・可視化の実践例



## 付録：データ活用に関連した法令に関する条文

# 1章

# 序

データサイエンス[1)][†]のコミュニティ（例えばGoogleが運営しているKaggle[2)]）やさまざまなオープンデータ[3)]の取り組みの広がりにより，多様な分野で収集される実際のデータを用いて，データサイエンスの経験を積み，技術力を研鑽する環境が整ってきている。このような環境により，データサイエンティストがさまざまな手法の試行錯誤を繰り返すことが可能になり，手法の高度化や精度向上などを行うことで，データ活用の領域が加速度的に広がってきている。

データ活用が行われる現場は，研究者の自由な発想に基づいて行われる学術研究での高度な手法の開発や実装を目指したものだけでなく，企業でのマーケティング，製品開発，経営企画等や，行政組織での施策設計，EBPM (evidence based policy making)[4)]等をはじめとして多方面に展開されることが期待されている。このようなデータ活用を前提としたプロジェクトの展開では，データ分析等を実施するデータサイエンティストだけでなく，プロジェクトの企画者や統括者，データの提供者等を含むプロジェクトメンバーが，データ活用を行うプロジェクトの特性を理解し，実行することがプロジェクトを成功に導く鍵となる。このような背景から，本書は，データ活用・分析の技術的な内容だけでなく，法令や契約，プロジェクト管理，情報技術等を含む全体像を俯瞰し，データ活用を行うプロジェクトメンバーが円滑にプロジェクトを推進するうえで必要となる知識をまとめたものである。

---

† 肩付き数字は，巻末の引用・参考文献番号を表す。

## 1.1　データサイエンティストを取り巻く状況とプロジェクト

初めに述べたように，さまざまな分野でデータ活用を加速させるうえでのデータサイエンティストの役割は，特定のAI（artificial intelligence）や機械学習等の手法の高度化や精度向上を行ったり，提供されたデータに対して数理的な手法を適用したうえで解釈を得ることだけでは，満たされなくなってきている状況がある。つまり，データ活用の目的を達成するために的確なデータを収集したうえで，収集データをはじめとしたさまざまな情報を用いて課題設定を行い，その課題に対して適切な手法を選択し，データ解析とその活用を通じて目的を達成する一連のプロセスのなかでのさまざまな役割が重要となっている。

一連のデータ活用のプロセスを実行するためには，これまでデータサイエンスのコミュニティで利用できたオープンデータだけでなく，各専門分野の研究や企業での研究開発に必要なクローズドなデータセットを対象とすることも必要となる。このためには，分析手法の側面だけでなくデータの契約やプロジェクト管理，要件定義等のプロセスの側面からもデータを適切に取り扱うための取り組みが必要となる。特に都市や交通，マーケティング等の活動を対象として，民間企業をはじめとした多くの事業者等が収集するビジネスデータを取り扱うためには，個人情報の取り扱いをはじめとしたデータに対する制度や考え方を，データサイエンティストだけでなく，データの収集や契約，活用に携わるプロジェクトメンバーが共通に理解したうえでプロジェクトを推進する必要がある。さらに，プロジェクトのアウトプットを用いて意図したデータ活用が実施できるよう，適切なスコープの設定やプロジェクトの管理も重要な要素となる。（図1.1）。

一般に，データを活用するプロジェクトでは

- データ活用を含むプロジェクトスコープの明確化
- 新たなデータの収集や第三者が収集したデータの受領を含むデータ取得

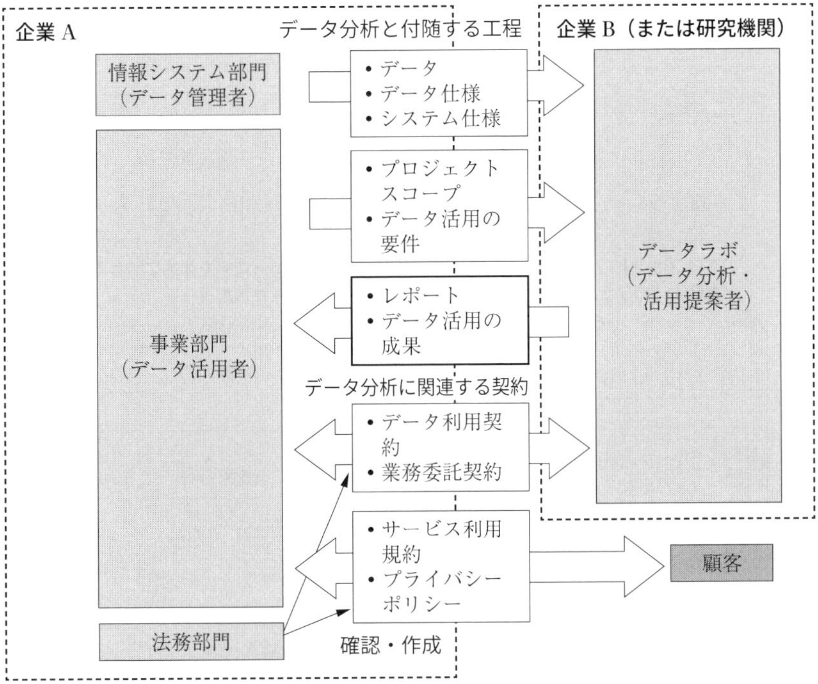


**図 1.1** データ活用のためのプロジェクト概要

- 個人情報や機密情報へのアクセス制限等適切なデータの取り扱い環境の整備
- 分析可能なデータへの変換・加工

等の上流側のプロセスを経て初めて，データサイエンティストが分析手法の選択や構築，分析や検証，レポーティング等が実施できる。さらに，分析結果の活用や社会実装のためには，情報システムへの実装や関係するステークホルダーへの説明，費用や収益性等のビジネス的な観点での判断も必要となる。つまり，データ活用を行うのはデータサイエンティストではなく，その上流プロセスを行うステークホルダーであり，プロジェクトの中でデータサイエンティストが担う役割はデータ分析やモデル構築を実施する等プロジェクトの中では限られた部分である。したがって，それ以外の業務を担うシステムエンジニアや法務担当者，ビジネスや研究の企画担当者等の各プロセスのメンバーもデータを活用したプロジェクトが具備するべき条件を体系的に理解する必要がある。**図 1.2** および**図 1.3** では，上記に示したデータ活用の実装までの流れの一例と，このようなプロジェクトに関わるステークホルダーの関係を示している。これらの図に示されるように，データ活用に異なる役割を持った多数のプロジェクトメンバーが関わる。このことから，各プロセスに関わるメンバーの

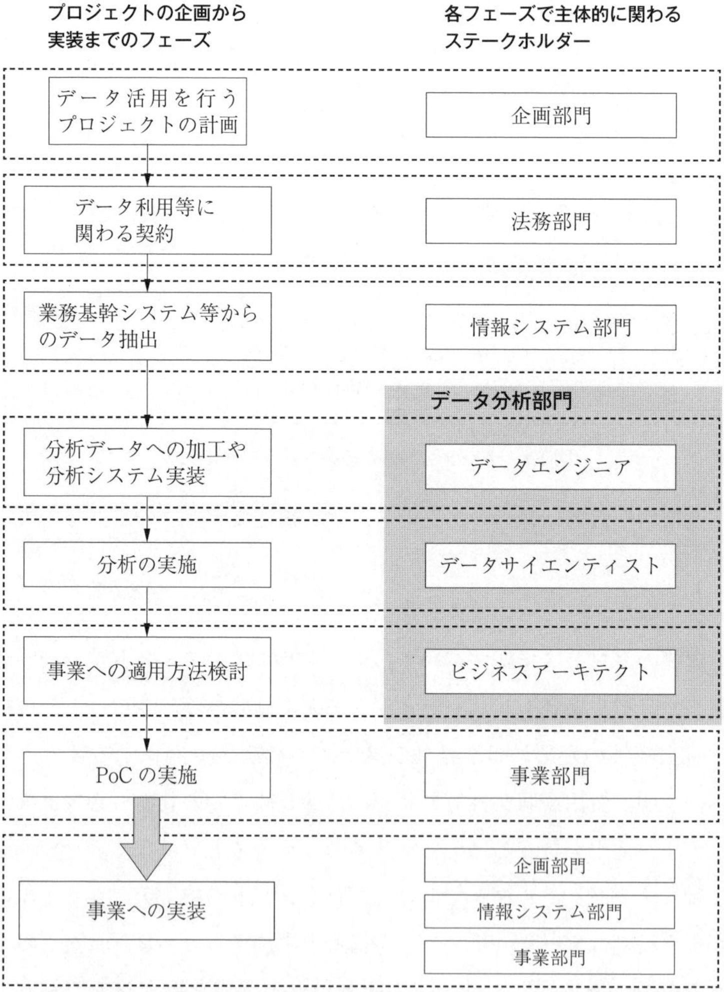


**図 1.2**　データ活用の実装までの流れとステークホルダーの例

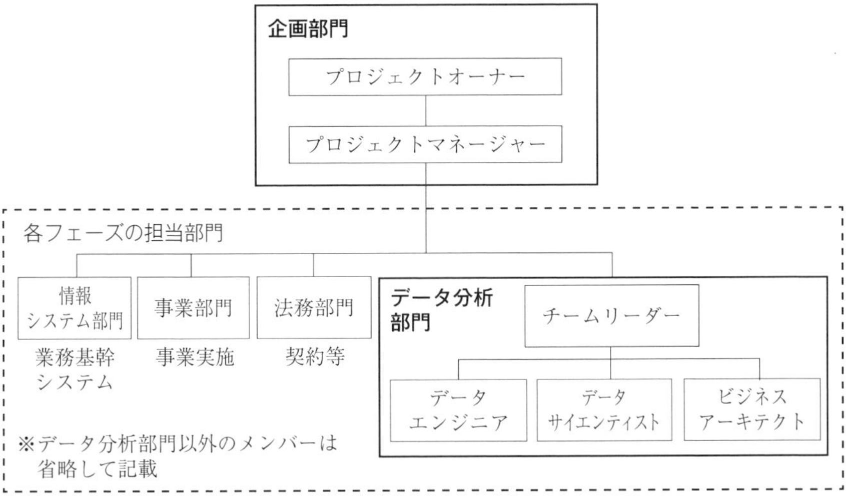


**図 1.3**　データ活用に必要なプロジェクトチームの例

データの活用に対する理解が十分でない場合，データが分析要件を満たさないなどの技術的な問題が発生したり，契約上の要件が不十分で不適切な個人情報の利用や使用条件の違反などのコンプライアンス上の問題が発生し，プロジェクトの失敗につながる恐れもある。

## 1.2　従来型プロジェクトとデータ活用型プロジェクトの定義

IoT（internet of things）を活用して安価に収集できるデータや，さまざまな業務システム等によって収集され蓄積されたデータなどのいわゆる「ビッグデータ」として活用されるデータの取り扱いは，従来の調査，実験での観測で得られたデータの取り扱いと本質的な違いがある。このことを明確にするために本書では，調査・実験での観測によってデータ収集を行う「従来型プロジェクト」と，いわゆるビッグデータ等の既存データを中心としたデータを用いる「データ活用型プロジェクト」という区分を定義し，その違いを説明する（**表 1.1**）。

従来型プロジェクトでは，実験計画や調査設計，データ収集機器の開発などのデータ収集のためのフェーズをプロジェクト内に内包していることを前提と

表 1.1　従来型プロジェクトとデータ活用型プロジェクト

| 項　目 | 従来型プロジェクト | データ活用型プロジェクト |
| --- | --- | --- |
| プロジェクトでのデータ収集プロセスの有無 | プロジェクト内で調査・実験を実施 | 「無し」または，「センサー等によるモニタリング」が中心 |
| プロジェクトで利用するデータの取得方法 | 主に本プロジェクトが実施する調査・実験による観測 | 他のプロジェクトのために設計された過去の調査・実験や，他の目的で用いられている機器等で収集されたデータの利用権限を取得 |
| プロジェクトに必要なデータ収集の要件定義の方法 | 分析・利用方法と一体で要件定義（対象等に応じた仮説に基づく） | プロジェクトでの分析・活用方法とは独立した要件で収集（過去の調査・実験の仮説や機器の特性による要件に基づく） |
| データ収集者と分析者等の関係 | データ収集者と分析者は，同じプロジェクトに属するメンバーであることが多い | 本プロジェクトの分析者とデータ収集者は，異なるプロジェクトや組織であることが多い。 |
| 要件に則したデータの再取得 | 対象によっては，プロジェクトのスコープ（費用やスケジュール等）を変更すれば可能 | 本プロジェクトでの再取得は，不可能であり，まったく別のデータセットを入手する必要がある。 |
| プロジェクトで必要となるデータ収集費用 | 本プロジェクトが，調査・実験費用全般を負担 | 本プロジェクトがデータ収集を行わない場合は，直接的な負担はない。ただし，データの利用権等を購入する費用は別途必要となることがある。 |
| 分析者の専門知識 | データの観測対象に関する専門知識が中心となることが多い | 統計学や機械学習などのデータサイエンスの専門知識（データサイエンティスト等）が中心となることが多い。 |
| データの対象範囲 | 本プロジェクトの予算等の制約のもと調査計画・実験計画が行える範囲（サンプル調査になることもある） | 過去の調査・実験，既存システムが対象としている範囲（過去の調査・実験の場合はサンプル調査もある。既存システムの場合はデータ収集対象の全数であることもある） |

しており，プロジェクトの目的を達成するために必要なデータの質をデータ収集時に担保したうえで，必要な分析等を実施する。つまり，従来型プロジェクトには，目的の達成に向けた分析等を実施するための要件を満たしたデータ収集を行うことがプロジェクトのスコープに含まれており，分析対象に対する精緻なデータ収集が期待される。また，万が一，分析に必要なデータが収集できなかった場合には，分析手法だけでなく収集手法の見直しもプロジェクトのスコープに含まれる。

一方で，データ活用型プロジェクトは，プロジェクト内でデータ収集を実施することがスコープに含まれていないことが多い。また，データ収集が含まれる場合も，都市空間の人流などといった厳密な調査・実験等を行うことが難しいものを対象としている場合もあり，ある程度のバイアスを許容したサンプリングや厳密なモデルの適用には不十分な観測機器の配置に基づくデータ収集を許容することが多い。データ収集がプロジェクトのスコープに含まれない場合には，目的が異なる調査やデータ収集等で得られたデータの二次利用や第三者が収集したデータ（以下，サードパーティデータと呼ぶ）の利用などが見込まれる。このような場合，データの収集時の観測目的とデータ活用の目的が一致するとは限らず，データ活用を行う当事者と観測実施者も同一とは限らない。したがって，従来型プロジェクトとは異なり，データ活用型プロジェクトでは，分析等を行うデータサイエンティストは，観測項目や観測条件についてコントロールできない。このことから，データ活用型プロジェクトでは，データサイエンティストは，データの仕様や現象の特性を的確に把握したうえで，データ分析等の方法の選択だけでなく，把握した情報をもとにプロジェクトのスコープで掲げられるデータ活用の目的を達成できるかの可否など，プロジェクトの成否に関わる判断にも関与する必要がある。

データ活用の可否に関わる判断に必要な観測条件等については，データクレンジングやデータ分析等を実施する前にわかるものばかりではなく，プロジェクトの途中で，プロジェクトのスコープや実施期間，実施方法の変更等が必要になる場合も多い。つまり，データ活用型プロジェクトでは，分析の結果等に基づいてプロジェクトのスコープ，スケジュールや実施方法の変更が見込まれる。さらに，あらかじめ想定した成果物とプロジェクト実施後に得られる成果物が異なることも想定する必要がある。したがって，事前に仕様を詳細に定めて実施するウォーターフォール型のプロジェクトを厳密に行うことは難しく，一部のプロセスでは，プロジェクト途中での仕様変更を前提としたアジャイル的なプロジェクト推進を実施することが必要となる（**図 1.4**）。

データ活用型プロジェクトをアジャイル的な方法で進め，プロジェクトを不都合なく進めるための最も重要な要素の一つは，データ活用の実施者となるプ

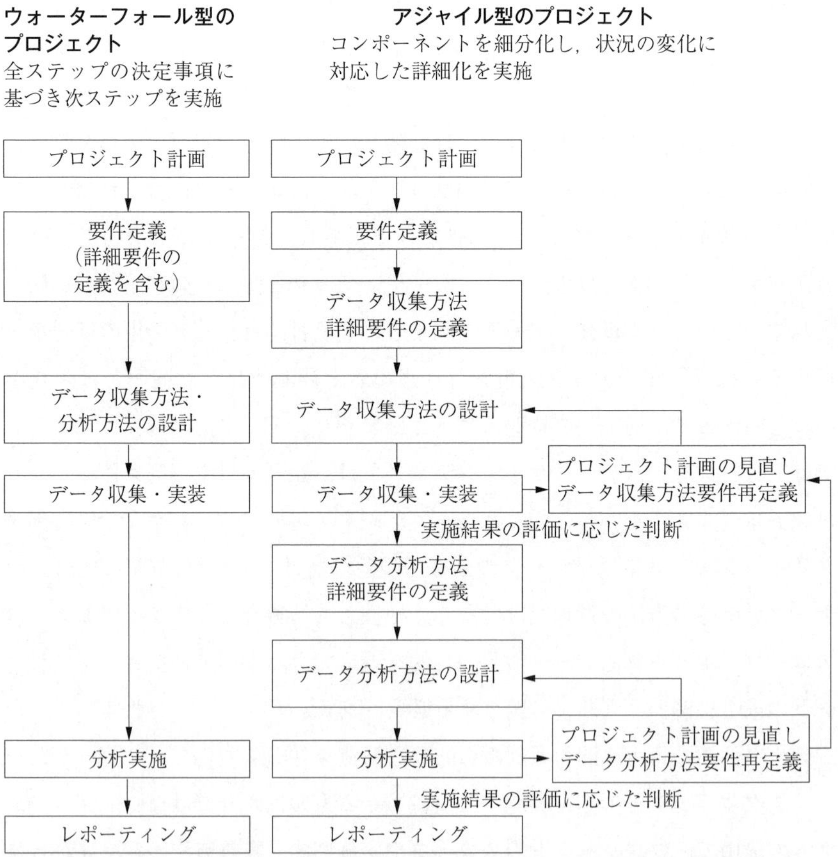


**図 1.4**　ウォーターフォール型とアジャイル型のプロジェクト進行例

ロジェクト推進者とデータ分析等を担うデータサイエンティスト等のプロジェクトメンバーなどのステークホルダー間のコミュニケーションや意思決定のプロセスである。これは，プロジェクト推進者の当初の想定通りの成果は得られないという前提のもとで，プロジェクトの効率性をできるだけ落とすことなくプロジェクト内容の変更を実施することと，プロジェクト推進者の当初の想定に近い最良の成果を得られていることを同時に担保するために必要となる。このように，データ活用型プロジェクトでは，プロジェクトの意思決定などのコミュニケーション計画やプロジェクトの品質を高めるための管理の手順など，プロジェクトマネジメントの工夫が一層重要となる。

## 1.3 本 書 の 目 的

データ活用型プロジェクトの円滑な推進には，データサイエンティストだけでなく，プロジェクトに関わるシステムエンジニアや法務担当者などの，データを中心として異なるステークホルダーが関わることが想定される。これと同時に，プロジェクト計画・スコープの変更などに柔軟に対応できる体制も必要であり，円滑な推進にはプロジェクト管理の視点も必要な要素となっている。さらに実質的に質の高い成果を得るためには，データ活用に関わるシステム環境，データ活用の手順，各種方法論についての知識ももちろん必要である。

本書は，このような背景から，データ活用に関わるプロジェクトメンバーが具備するべき知識として

- データの取得・取り扱いに関わる法制度や契約
- データ活用・分析を中心としたプロジェクトの推進手順
- データの分析のための環境
- データ活用・分析実施のためのリテラシー

に主眼を置いた構成としており，データ活用型プロジェクトの推進に必要な知識を網羅的にまとめることで，今後のプロジェクト推進の円滑化・高度化に寄与することを目的としている。

# 2章
# データ利用の類型と必要なスキルセット

本章では，1章で述べた「データ活用型プロジェクト」に利用されるデータの類型を整理し，それらのデータに応じた特性や留意点についてまとめる。このうえで，データの類型に示したデータの二次利用や新たなデータの活用に対応し，プロジェクトを実施するために，プロジェクトメンバーに求められるスキルセットを示す。

## 2.1 データ利用

データとは，観測装置や何らかのシステムで生成された数値の羅列を指す言葉であり，この数値の羅列に情報として意味を持たせ，活用するためには，データの収集・処理過程やデータ構造，データ項目等の成り立ちを正しく理解することが必要となる。これと同時に，適切にデータを取り扱うためには，データの法令における位置づけや取り扱いに関するルールを正しく理解することも必要である。1章に述べたように，データ活用型プロジェクトで用いるデータは，従来型プロジェクトで用いるデータと異なる特性がある。本節では，このような特性について，データの類型として定義し，整理する。

### 2.1.1 データの類型

ビッグデータという言葉が一般的になる以前には，学術研究や市場調査，官公庁が実施する統計調査などの「調査，実験で能動的に得られた観測値（**Active data**）」がデータの大部分を占めており，そのような観測に基づくものをデータとみなすことが，データを利用する多くの人々の共通理解であった。デジタル化を行って多くのデータを蓄積することができるようになりDWH（data ware house）等が構築されるようになった2000年代までは，データを収集・蓄積すること自体のコストも高く，安価にデータを集めることが技術的に難しかったことが背景にある。近年では，学術研究の調査や実験にとどまらず，社会に実装されたさまざまなセンサーやシステムが情報を収集しデータとして蓄積することが一般化しており，「実験や調査で能動的に得られた観測値」ではないデータ（**Passive data**）があふれている。

従来型のデータであるActive dataとこのようなビッグデータをはじめとしたPassive dataは何が異なるのだろうか。データの生成プロセスに着目すると，何らかの目的に応じてセンサーやユーザーによる入力，コンピューターでの計算処理によって生成される点は，従来のデータもビッグデータも共通しており相違があるものではない。本質的な違いは，データの生成プロセスでは

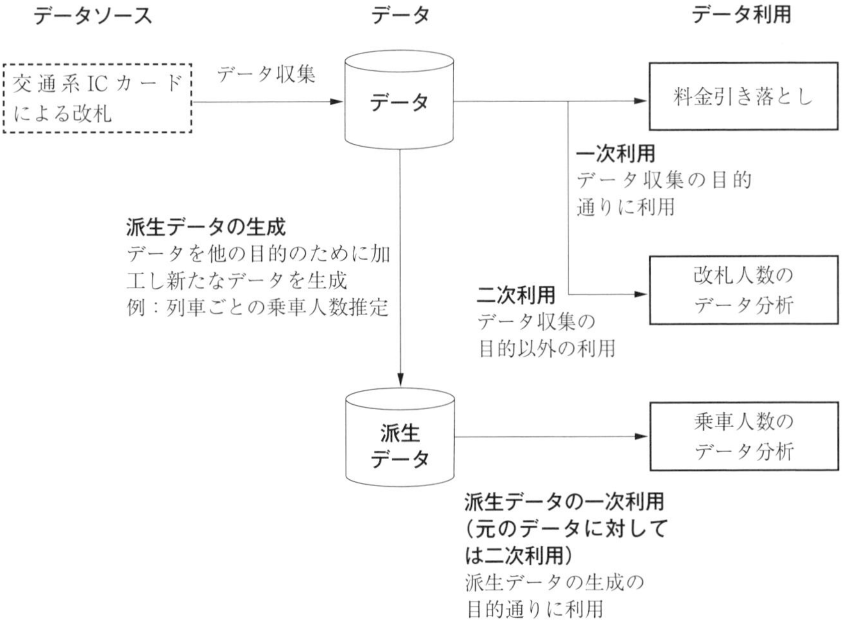


**図2.1**　データ利用の類型（一次利用，二次利用，派生データの利用）

なく，データの利用主体の差異やプロジェクトのスコープの差異にある。このことは，データの一次利用，二次利用で説明することができる。ここで，データの一次利用とは，データの取得目的と同じ目的でデータを利用することであり，二次利用はデータの取得目的と異なる目的でデータを利用することである（図 **2.1**）。

### 2.1.2　データの一次利用

データの一次利用の代表的な例は，自ら行った実験や調査によるデータを利用することであり，従来型プロジェクトで想定されるデータ利用の方法である。すなわち，観測等によるデータの収集者と，データ活用者や分析者は同一組織あるいは共同利用者であることが一般的である。このようなプロジェクトでは，調査・実験の目的や仮説に従って，観測対象を精密に観察・測定し分析できるように最善の計画を行い，データを収集することが前提である。つまり，適用可能な分析手法等もデータ収集を行う観測・調査を計画する段階である程度絞り込まれており，予算や人員，設備等の制約のもと，目的の達成のために最善の観測方法が選択される。このことは，業務等で収集されるビジネスデータであっても，一次利用の目的が学術目的や分析目的に限定されていないだけで，本質は変わらない。例えば，交通行動の学術的な分析等で二次利用されている交通系 IC カードの処理データ（以下，交通系 IC カードデータ）では，交通行動分析を行う際には，一般的に交通行動分析で必要な交通目的等の情報は収集されておらず，従来から実施されている交通行動分析に必要な要件は満たしていない。一方で，一次利用である改札業務に目を向けると，鉄道の複雑な料金制度を含む要件のもとでも何ら不都合なく料金の徴収ができるように精緻な設計がされている。このように，一次利用をするデータでは，データ利用の目的に対する要件を満たした設計がされ，データの仕様も既知であり，一定の精度が保証されていることが，研究データや業務データにかかわらず満たすべき特性であるといえる。

### 2.1.3 データの二次利用

データの二次利用は，データの取得目的と異なるデータ利用であり，データの収集者はデータの活用者や分析者と同一とは限らないという点から，一次利用にはないデータ活用上の配慮が必要になる。すなわち，一次利用のためにデータ収集に求められていた要件とのギャップが発生することが問題となる。一次利用の利用目的では十分であった観測範囲や精度に対する要件であっても，二次利用の目的に対しては要件を満たさないということが発生し得る。このような二次利用時に発生するギャップには，データ項目の不足や，観測対象の違い，観測箇所の不足，観測頻度の不足，精度の不足等が主に想定される。したがって，データの二次利用を行う際には，一次利用時の要件とデータ収集の仕様を十分に理解したうえで，二次利用可能な目的や範囲，あるいは補完等による要件の充足方法を検討する必要が生じる。

データの一次利用の場合は，観測によるデータの収集者となる組織と分析でのデータ利用者は同一組織あるいは共同利用者であることが一般的となる。一方で，データの二次利用では，必ずしも分析者がデータ収集者と同一でない場合や，収集時に共同利用者として想定していた組織ではないこともある。二次利用時に，データ収集者がデータ利用者と同一ではない場合は，3章で述べるように，データ収集者がデータ利用者との間で結ぶ利用許諾の内容に留意する必要がある。さらに，データに個人情報が含まれる場合にはプライバシーポリシーなどによりデータ収集時点で，データ収集者と収集の対象である個人との間で成立した許諾内容にも留意する必要がある。これらの許諾内容が要件にあわない場合には，上記に示した技術的な課題を解決したとしても，適正かつ適法にデータを利用することができない。

### 2.1.4 新たなデータ活用

近年のエッジコンピューティングなどのIoTに必要な技術の普及により，安価に構築できるセンサーや画像解析技術等が普及したことから，精度は不十分であっても，これまで観測が難しかった対象に対するデータ収集が試みられるなど，データ収集のシーズとニーズのマッチングや PoC（proof of concept）が実施される機会も増えている。このような枠組みでは，データの変換や加工，検出処理，補完等の処理をデータ収集後に実施することが前提となっており，AI を用いた加工や，データフュージョン等の技術を用いて他のデータと組み合わせるなど，**派生データ**の生成も行われることがある。したがって，IoT 等を前提として収集される新たなデータの利用方法では，技術的な留意事項や利用許諾について，二次利用のデータと同等の検討が必要な場合もある。

### 2.1.5　データの二次利用の利点と活用に向けた方策

データの二次利用には，利用目的の要件に従って収集されたデータを利用する一次利用とは異なり，分析要件の充足や利用契約の観点から，制約事項や各種の手続きが発生する。このような条件があっても二次利用が有効であるのは，まったく新しい観測を行うよりもはるかに安価であり，かつまったくデータがない状況と比較すれば有用な情報をもっていることが期待されるためである。

例えば，公共交通の需要の観測では，5 年に一度，多大な費用をかけて「大都市交通センサス」が実施されている。これに対して，日々の交通機関の利用で収集される交通系 IC カードデータは，ほぼ自動的に毎日収集可能である。しかし，交通系 IC カードデータには，精緻な交通需要予測の際に必要な他社線乗り継ぎや，利用者の交通目的などの情報は含まれていない。したがって，大都市交通センサスと同様の目的に用いるには，不十分な情報を補完する必要がある[5)]。一方で，交通系 IC カードデータを活かすという視点に立てば，ほぼ自動的に毎日収集可能という特徴を活かし，人流のモニタリングなど 5 年に一度のセンサスでは達成できない目的を検討することが可能である。

他の具体例としては，携帯電話の基地局で通話等の管理のために収集される CDR（call detailed record）データの活用がある。CDR データは，携帯電話キャリアの業務に伴って常時収集されるデータである。あらかじめ観測期間・

範囲を定めて分析を行うことが難しい災害時の人流の把握や，広場等での単発的なイベント実施による人流の変化の把握など個別に観測網を構築することが効率的ではないような事象，COVID-19 のパンデミック中の外出者数や，任意の時点での全国的な人流の傾向の把握に対しても有用であることが実証されている[6)]。

こうした有用な二次利用方法を検討するためには，データの仕様等を明らかにし，二次利用の内容を具体化するだけでなく，膨大な蓄積データの内容を把握するため，7 章に示すような可視化や簡単な統計分析の適用など OLAP（online analytical processing[7)]）を前提とした探索的な分析である EDA（exploratory data analysis[8)]）の試行が必要になることが多い。これは，目的の達成のための情報や選択しようとしている分析手法が適切かどうか判断するための情報をはじめ，一次利用でのデータ収集時の要件と二次利用での要件のギャップがもたらす影響を判断するための情報は，データの仕様だけからは読み解くことができず，一定の分析をしてみるまでわからないためである。このため，複雑で高度な分析を実施する前に EDA を実施することは必須である。

具体的には，可視化やヒストグラム等を用いた基礎分析，欠損値等の状況などを把握することで，データ活用や分析で対象となる現象の観測の有無や定性的な性質，分析を行うために必要な補完やノイズ除去などのクレンジング方法等を検討するために必要な情報を得ることができる。また，必要な手法の実装と EDA を有効に繰り返すことで，データ活用・分析に必要な前処理を整えることができ，精度の優れた結果を得ることができると期待できる。

## 2.2　データ活用に求められるスキルセット

データを活用するためには，データ活用・分析に必要なデータサイエンスの知識はもちろんのこと，実装のためのエンジニアリング，また，データの活用先となる分野の知識も必要となる。データ活用先が学術研究の場合では，対象の構造を理解したうえで，データを活用することで解決できる課題を見出し，研究プロジェクトを計画・設計することが求められる。ビジネス領域でデータ活用する場合も同様であり，さまざまなビジネスプロセスに関連する業務・データ・技術を中心としたEA（enterprise architecture[9]）を記述・理解し，業務フローや情報システムの改善，マーケティングやビジネスモデルの考案などデータの活路を見出すことが求められる。さらに，正しくデータを利用するという観点では，契約やプライバシーポリシーなどの法務的な知識のほか，情報セキュリティなどの知識が必要であり，このことは学術研究およびビジネスでの活用を問わず共通して理解すべき観点である。また，企業等でデータ活用をプロジェクトとして展開するには，経営層等も含んださまざまなステークホルダーとのコミュニケーションと，これに付随したドキュメントの作成など，多岐にわたるプロセスが必要であり，これらのプロセスを経てはじめてデータ活用に至ることになる。

データサイエンティストは，上記に関わるプロセスについての基本的な知識を持ち合わせることが必要である一方で，一人の人材がこのような多彩な専門分野を網羅することは非常に難しいことから，データ活用に関わるプロジェクトチームで広範な知識・スキルセットをカバーすることが現実的である。

## 2.3　プロジェクトチームに必要なスキルセットの定義

データ活用型プロジェクトの実施チームに求められる主要なスキルセットのうち研究機関および企業でのデータ活用を問わず必要となるものは，IPA（独立行政法人 情報処理推進機構）の**デジタルスキル標準**の定義[10]によると，「データサイエンスプロフェッショナル」，「データエンジニア」が該当する。これらのスキルセットに加えて，業務でのデータ活用では，後で説明する「データビジネスストラテジスト」や「ビジネスアーキテクト」のスキルセットが重要となる。研究機関等では，これらのスキルセットに対応してプロジェクトのテーマに応じた専門性をもつ人材が必要である。さらに，データ収集の方法や契約の内容によっては，個人情報保護を中心とした法務を取り扱うメンバーが必要になることもある。

**図 2.2** にデータ活用型プロジェクトで必要となるスキルセットの具体例を示す。図 2.2 では，ビジネス系，データサイエンス系，データエンジニアリング系の 3 区分にスキルセットを整理している。IPA のデジタルスキル標準での区分との対応では，ビジネス系は「データビジネスストラテジスト」や「ビジネスアーキテクト」，データサイエンス系は「データサイエンスプロフェッショナル」，データエンジニアリング系は「データエンジニア」に相当する。一人の人材がこれらのスキルセットをどのように組み合わせて学習するかは，プロジェクトの状況，学習者の適正，教材等の整備状況により一様ではないことが一般的であるとともに，標準スキルに求められるスキルのみでプロジェクトに対応できるわけではない点にも留意する必要がある。以下では，上記に定義したそれぞれのスキルセットによってプロジェクトで達成すべき内容を，ビ

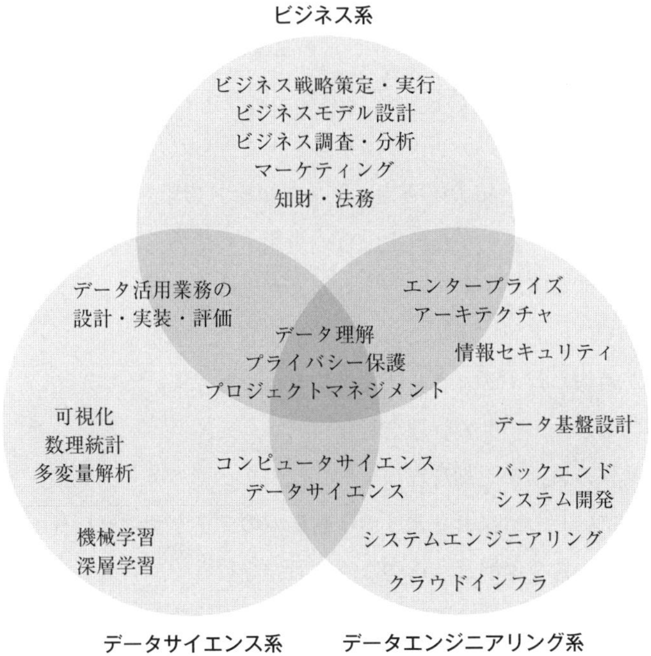


**図 2.2**　データ活用型プロジェクトに求められるスキルセット

ジネス系，データサイエンス系，データエンジニアリング系のスキルセットの区分ごとに解説する。

ビジネス系のスキルでは，ビジネスストラテジストおよびビジネスアーキテクトに関連する知識に加え，法務・知財，マーケティング，経営戦略等の知識が必要である。これは，データの受領に関わる適正な契約のほか，データ分析結果を活かしたビジネスへの実装には，社内の対応する部門に関する知識が不可欠だからである。IPA の定義による「**データビジネスストラテジスト**」は，「事業戦略に沿ったデータの活用戦略を考えるとともに，戦略の具体化や実現を主導し，顧客価値を拡大する業務変革やビジネス創出を実現する[10)]」とある。「**ビジネスアーキテクト**」は，「事業，製品・サービスの目的を見出し，定義した目的の実現方法を策定したうえで，関係者をコーディネートし関係者間の協働関係の構築をリードしながら目的を実現する[10)]」役割を担っている。ビジネスストラテジストおよびビジネスアーキテクトは，データ活用の対象となる事業について，ビジネスモデルや事業の実施プロセス等を調査したうえで，主導的にデータ活用に必要な要件を定義する。さらに，データサイエンティストが行う，統計分析や AI 等によって得られた知見の解釈，プロジェクトの目的に見合った結論の導出，実施プロセスの策定等を行う役割を担う。データサイエンティストが行った分析の事業上の価値を理解し，結果をもとに事業に適用可能な実施手順を作成することが求められている。データ活用型プロジェクトでは，上記に示したスキルを活用して，例えば

- 分析が適切に行えるよう必要な契約を行う
- 契約に則したデータの管理を行う
- 個人情報の適正な同意管理や契約状況のもとでのデータ収集を企画する
- データに応じた情報セキュリティ基準でのデータ管理を行う
- ビジネス要件を理解し，適切な課題設定を行う
- 分析結果をビジネスの展開や施策実施につなげるための計画を策定する
- ビジネス要件，課題設定，業務プロセスに関するドキュメントを作成する
- プロジェクトそのものや分析結果について，経営層が理解するためのド

キュメントを作成する
- 分析結果をもとに，事業部門等の業務担当者が理解するためのドキュメントや指示書を作成する

などについて実施できることが求められる。

データサイエンス系のスキルでは，最新の統計学，情報工学の知識から最適な分析手法の選択，実装，適正な手順での実施ができる能力が前提となる。大学院等で十分な訓練をうけ，科学技術に関するリテラシーおよび倫理観が養われていることが必要である。また，IPA の定義による「**データサイエンスプロフェッショナル**」は，「データの処理や解析を通じて，顧客価値を拡大する業務の変革やビジネスの創出につながる有意義な知見を導出する[10)]」とあり，データ活用や分析の要件に従って，手法の選択やモデルの構築，カスタマイズ，パラメータ推定等を実施したうえで，それらを正しく適用し，適用結果を検証し，必要なレポーティングを行うことが求められる。プロジェクトでは

- 課題設定に対し，分析目的を設定するとともに，分析手法を選択する
- 課題設定に対し，適切なデータセットや観測方法を選択する
- 分析手法を正しく適用し，分析結果を正しく解釈できる
- 分析結果に対し，適切な可視化を施し，考察を与える
- データ活用・分析に関して，必要なドキュメントを作成する
- データの特性を理解し，使用可能な分析方法を選択する
- データの取得状況を理解し，補完等の適切な処理を適用する
- データ分析の結果を活用し，PoC のための検証方法を構築できる

などについて実施できることが求められる。

データエンジニアリング系のスキルは，データの実装に関連してデータベース技術やプログラミングに十分な知識を前提として，分析の効率化や，PoC に関わる環境の実装を効率的に行うために求められる。

IPA の定義による「**データエンジニア**」は，「効果的なデータ分析環境の設計・実装・運用を通じて，顧客価値を拡大する業務変革やビジネス創出を実現する[10)]」とあり，データ活用・分析に必要な情報システムの実装を行うこと

が期待されている。特に，データの入手から活用に関わる環境の実装が必要であり，データベースの構築だけでなく，データの伝送経路に関連するネットワークセキュリティ，およびデータサイエンティストが利用するデータ分析環境に精通している必要がある。これにより

- 各組織のセキュリティ基準を満たす分析システムを構築し運用する
- データクレンジング等の分析に必要な処理やデータ変換等を行える
- 必要なコンピューティングリソースを用意する
- 日々更新されるデータをマネジメントする
- 分析結果を用いたPoCなどに必要なシステムを構築する
- システムに関して必要なドキュメントを作成し，他者が利用できるようにする

などについて実施できることが求められる。

# 3章

# データ活用に関連する法令

本章では，マーケティング等の行動分析や人流分析，その他調査等で関連が深い，個人情報保護法に関する要点をまとめるとともに，データ利用に関連する主な法令や契約等について要点をまとめる。データの利用では多くの法令や契約が関連する。一般的な商品等の売買や譲渡は，ほとんど法令を意識することがなかったり，慣例にならったやり取りで行うことができるが，データの利用，売買，譲渡などの取引では，法令と契約条件を常に把握することが求められる。このような多くの法令や契約が必要となる背景として，データが有体物ではなく，「所有権」の概念自体がないことを念頭におく必要がある。

民法 85 条には「この法律において『物』とは，有体物をいう。」と規定されており，情報であるデータは明らかに有体物ではない。したがって，物の取引等で前提となる所有権や占有権等（民法第 180 条，第 206 条等）の対象とはならず，これらに基づいた権利をデータに対して主張することはできないという点で，有体物とは異なる取り扱いとなる。つまり，一般的に「物」に対して成り立っているような権利は，有効な契約の範囲でしか成り立たない。このうえで，データは，多くの場合，個人情報保護法による規定や，不正競争防止法，知的財産法での保護対象となり，データの保護やデータに対する権利を主張するためには，利害関係者間の契約が非常に重要となる。

**図 3.1** は，データ活用に関連する主な法令とステークホルダーの関係を示している。個人情報を含むデータの収集時には，規約や個人情報保護法等に基づいたプライバシーポリシーに対する同意を個人との間で結ぶ必要がある。さらにデータ利用者とデータ収集者の法人等の権利義務の主体が異なる場合は，

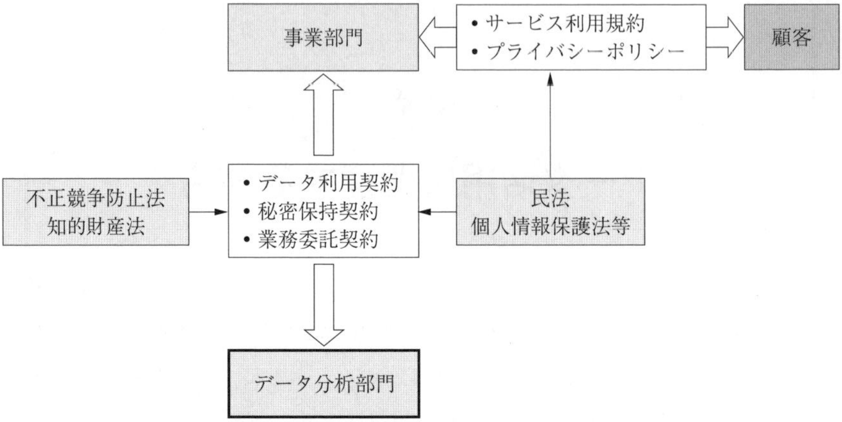


**図 3.1**　データ利用に関わる主な法令とステークホルダー

データ利用者と収集者間での契約も必要があり，この契約は顧客等の個人が同意した内容と矛盾が生じないように留意する必要がある。

本書では，詳細の説明は行わないが，データの内容とその用途によっては，例えば，肖像権の対象となることや，著作権法などの知的財産法，医療ビッグデータ法の対象になるなど上記の法令以外による規定の対象となることがあることから，新たなデータを入手する際には，対象となる法令を調査する必要がある。また，学術研究では，第三者提供などの個人情報保護法の規定が適用されない（個人情報保護法第 18 条第 3 項第 5 号および第 6 号，同第 20 条第 2 項第 5 号から第 7 号，同第 27 条第 1 項第 5 号から第 7 号等）などの例外もあるが，学術研究等を実施する科学者・技術者としての倫理[11), 12)]に従い，所属組織・学会での倫理審査機関等の取り決めを遵守し，適切に取り扱う必要がある。

## 3.1　個人情報保護法

**個人情報保護法**は，「個人情報の有用性に配慮しつつ，個人の権利利益を保護することを目的」として平成 15 年（2003 年）に制定された法律である。3 年ごとに見直しが行われ，データ活用の実施時点で有効な法令を遵守する必要がある。なお，本書執筆時点の最新法は令和 4 年（2022 年）4 月施行の令和 3 年改正個人情報保護法である。

個人情報保護法については，内閣府の外局である個人情報保護委員会によって具体的な指針が示されている。本章の事項の詳細については，同委員会発行の個人情報の保護に関する法律についてのガイドライン（通則編）[13]，同（外国にある第三者への提供編）[14]，同（第三者提供時の確認・記録義務編）[15]，同（仮名加工情報・匿名加工情報編）[16]，同（認定個人情報保護団体編）[17] を参照されたい。

データ利用者の視点で重要な事項は，個人情報を取得した事業者と当該情報に含まれる個人との間で結ばれた同意事項である，取得方法，利用目的，管理方法，共同利用先，第三者提供先，個人データの開示，訂正，削除，オプトアウトの方法に関する記載内容である。これらの同意は，例えば，オンラインサービスであれば，サービスの利用規約に付随したプライバシーポリシー等に記載されていることが一般的であり，サービス利用者はサービス利用前に同意している項目である。

上記項目のうち，特に下記の点については，データ利用時の実態と常に整合が取れているかについて確認する必要がある。

1. データ利用者が個人情報の共同利用者（個人情報保護法第 27 条第 5 項第 3 号），第三者提供先（個人情報保護法第 27 条），委託先に該当するのか（個人情報保護法第 27 条第 5 項第 1 号）
2. 1 のうち該当する提供先に対応して同意を得た利用目的とデータ利用者のデータ利用が合致しているのか（個人情報保護法第 17 条）
3. 1 の委託先に該当する場合，委託者として適格な条件を満たしているのか（個人情報保護法第 25 条）

ここで，**共同利用者**とは，個人情報の取得に際して，あらかじめ個人に通知等を行っている個人データの利用者のことである。個人に通知を行う内容には，「共同して利用される個人データの項目，共同して利用する者の範囲，利用する者の利用目的並びに当該個人データの管理について責任を有する者の氏名」（個人情報保護法第 27 条第 5 項第 3 号）等が含まれていなければならない。例えば，共同利用者は，子会社が取得する個人情報を，親会社が新たに個人からの同意なく利用できる状態とする場合が想定され，データ取得時に共同利用者として，個人に提示することが求められる。

**第三者提供**先とは，個人情報の取得者および共同利用者等の個人情報保護法第 27 条第 5 項に規定される者以外への個人データの提供先のことである。第 27 条には，法令に基づく場合や学術機関での学術研究目的等を除いて，「あらかじめ本人の同意を得ないで，個人データを第三者に提供してはならない」と定められており，提供する場合には，提供先の情報，提供先での個人情報の利用目的等，個人情報保護法第 27 条第 2 項に定められる項目について，当該データが対象とする個人に同意をとる必要がある。

**委託**先とは，データの取得者や共同利用者等の個人情報取扱事業者が，あらかじめ個人の同意を得た利用目的の達成に必要な範囲内の業務委託を受けた第三者のことである。委託先では，委託元の監督（個人情報保護法第 25 条）のもと，受託した業務の範囲内に限って個人情報を利用することができる。例えば，あらかじめ個人の同意を得た利用目的の範囲内で，郵便物を発送業者に委託して発送する目的で個人情報を発送業者に提供する場合や，マーケティング等の分析レポートの作成の目的で個人情報をコンサルタント会社等に提供する場合が該当する。

個人情報の提供者である個人との間での同意事項と 1 ～ 3 の内容が合致しない場合は，改めて当該個人との間で事前に同意をとる必要があり，対象者，利用目的については，厳密に整合を取る必要がある。なお，上記の通り，本人の同意をもとに提供される個人情報が原則であるが，**オプトアウト規定**による第三者提供に関する届け出を個人情報保護委員会にした事業者は，一定のルールのもと，個人が提供差し止めをしない限り，届け出た方法（住宅地図，電話帳など）で，個人との個別の同意を得ることなく個人情報を提供可能である。上記届け出により個人情報の提供を行う事業者については，国の機関である個人情報保護委員会において公表される（個人情報保護法第 27 条第 2 項）。なお，上記のルールに則り販売等が実施されている情報の入手者は，入手した情報を個人情報データベース等として取り扱う必要はない（個人情報の保護に関する法律施行令第4条）。

**個人情報**として対象となる情報（個人情報保護法第2条第1項）は，生存する個人に関する情報であり，氏名，生年月日その他の記述等により特定の個人を識別することができるもの（容易に照合でき，これにより特定の個人を識別できるものを含む）が該当する。そのほか，個人情報の保護に関する法律施行令（平成15年政令第507号），個人情報の保護に関する法律施行規則（平成28年個人情報保護委員会規則第3号）に定められている**個人識別符号**（個人情報保護法第2条第2項）が該当する。

個人識別符号には，旅券，免許証，健康保険等の番号のほか，DNA，生体認証に関わる特徴情報等も該当する。特に「本人の人種，信条，社会的身分，病歴，犯罪の経歴，犯罪により害を被った事実その他本人に対する不当な差別，偏見その他の不利益が生じないようにその取扱いに特に配慮を要するもの」は，**要配慮個人情報**（個人情報保護法第2条第3項）として指定されている。この要配慮個人情報の取得や第三者提供には，本人同意が必要である。万が一，要配慮個人情報が含まれる個人データの漏えい等が発生した場合には，個人情報保護委員会への速やかな報告と本人への通知が義務とされている（個人情報保護法第26条，平成二十八年個人情報保護委員会規則第三号第7，8，10条）。

また，要配慮個人情報に該当する項目の多くは，各機関の情報セキュリティポリシー等でも**機微情報**として分類されるものが多く，取得自体が制限されている場合もあることから，法令だけでなく各機関の規則等についても特に確認が必要である。なお，データの漏えい等により個人情報保護委員会への速やかな報告と本人への通知が義務とされているケースには，上記の要配慮個人情報の漏えいのほか，「財産的被害が生じるおそれがある事態」，「不正の目的をもって行われた漏えい等が発生した事態」，「1 000人を超える漏えい等が発生した事態」がある（個人情報保護法第26条，平成二十八年個人情報保護委員会規則第三号第7，8条）。

## 3.2　仮名加工情報と匿名加工情報

**仮名加工情報**（個人情報保護法第2条第5項）は，事業等での情報活用時の可用性の観点等から，令和3年改正個人情報保護法より取り入れられた制度である。個人識別符号の全部を削除し，個人情報に含まれる記述等の一部を削除することによって，他の情報と照合しない限り特定の個人を識別することができないようにしたものである。仮名加工情報は，他の情報と照合すれば個人情報になり得る情報であることから，安全管理措置や第三者提供等の取り扱いなどについては個人情報と同等の義務が課される一方で，下記の規定が適用されないことから，活用に対するハードルは低くなる。

①　利用目的の変更の制限（個人情報保護法第17条第2項）

②　漏えい等の報告および本人通知（個人情報保護法第26条）

③　保有個人データに関する事項の公表等，および保有個人データの開示・訂正等・利用停止等への対応等（個人情報保護法第32条から第37条まで）

データ分析を中心とした利用目的では，多くの場合は個人を特定する必要はないことから，分析者が分析に用いない個人情報を不用意に閲覧することを避け，個人情報の漏えい，悪用等を避ける観点からも，仮名加工情報相当の加工を行ったうえでデータを取り扱うことが推奨される。

仮名加工情報は，他の情報と照合すれば個人情報になり得る情報であったが，匿名加工情報は照合もできないよう加工することで，本人同意を得ることなく，事業者間でのデータ取引等も可能としたものである。匿名加工情報は，個人識別符号を削除のうえ，個人情報をマスキングするだけでは不十分であるため，個人を特定し得る特異な記述等を削除することが課されている。例えば，年齢119歳のように国内で数名のみがもつ個人の情報や，位置情報等の自宅等の所在が確認できる情報などにも配慮する必要がある。

匿名加工を行った**匿名加工情報**（個人情報保護法第2条第6項）を作成することで，当該情報の本人の同意を得ている利用目的以外の利用や同意を得ていない第三者への提供なども可能となる。一方で，匿名加工情報の作成者は，匿名加工情報に含まれる情報の項目を公表する義務がある。第三者に提供するときには，提供する情報の項目および提供方法についても公表すること，提供先に当該情報が匿名加工情報であることを明示することが義務となっている。匿名加工情報の利用者は，個人情報に係る本人を識別する目的での取得・照合が禁止されている。

匿名加工情報は，第三者へのデータ提供等が可能であるメリットがある一方で，作成時にも公表しなければならず，個人を特定し得る特異な記述等を削除するなど，分析の目的や手法によっては分析結果に影響を与え得る加工が必要になる。このことから，匿名加工情報がデータ利用の要件に合致するかについては，慎重に検討する必要がある。

また，匿名化が行えているかを確認する技術的な観点として，**k-匿名性**[18]や**l-多様性**[19]等の定量的評価が行われることが望ましい。k-匿名性を満たす状態とは，少なくとも$k-1$人を区別することができない状態である。また，l-多様性を満たす状態とは，k-匿名化が実施されたデータを対象として同じ属性をもつ集合に対して，機密属性の値が$l$個以上の種類を持っている状態である。例えば，89歳のAさんがデータに含まれていることが既知である場合に，年齢のみからAさんを特定できないように$k$人以上で構成される「85～90歳」という属性に「年齢」に関わるデータを置き換えることがk-匿名化である。このようなk-匿名化を行ったデータでも，「85～90歳」の全員が「肺がん」であるという機密属性をもっていた場合，このデータに含まれることがわかっている89歳のAさんは秘匿しておきたかった「肺がん」であるという機密情報が明らかになってしまう。これを防ぐためには，l-多様性に関する評価を行い，年齢を置き換える属性を「80～95歳」等に見直す必要がある。「80～95歳」がl-多様性を満たしている場合，機密属性には「健康」「風邪」「肺炎」「肺がん」などの$l$種類（この場合は$l$=4）以上のカテゴリのデータが

個人情報を含むデータ

| 顧客番号 A | 氏名 | 年齢 | 性別 | 郵便番号 | 電話番号 |
| --- | --- | --- | --- | --- | --- |
| 100001 | 長岡　向 | 25 | 男 | 737-0340 | 08-984-6 ●●● |
| 100002 | 新庄　春口 | 21 | 男 | 330-0320 | 06-200-0 ××× |
| 100003 | 西宮　太子 | 105 | 女 | 787-0777 | 080-550-2 △△△ |

直接，個人を特定可能である項目は削除またはハッシュ化等により秘匿する。
顧客番号 A と B は，変換テーブルを用いて相互に変換可能な状態でもよい。
なお，変換テーブルは個人情報同様の管理が必要である。

仮名加工情報

| 顧客番号 B | 氏名 | 年齢 | 性別 | 郵便番号 | 電話番号 |
| --- | --- | --- | --- | --- | --- |
| ab139ac3 | | 25 | 男 | 737-0340 | |
| c73223e7 | | 21 | 男 | 330-0320 | |
| 234efac8 | | 105 | 女 | 787-0777 | |

各レコードで，k- 匿名化など一定の手法で匿名性を担保できるように個人情報を加工する必要がある。顧客番号 A と C は，不可逆の変換とする必要がある。
例：人口が少ない地域で年齢と郵便番号の組み合わせで個人が特定できるなどの場合は，年齢をカテゴリ化したり，郵便番号の対象地域を広げるなどの処理を行う。

匿名加工情報

| 顧客番号 C | 氏名 | 年齢 | 性別 | 郵便番号 | 電話番号 |
| --- | --- | --- | --- | --- | --- |
| 09e3d284 | | 20 歳代 | 男 | 737-0340 | |
| d1e42890 | | 20 歳代 | 男 | 330-0000 | |
| 22e8272a | | 80 歳以上 | 女 | 787-0777 | |

**図 3.2**　仮名加工データと匿名加工データ

含まれるようになるため，A さんの機密属性を特定できなくなる。なお，図 **3.2** は，上記に示した仮名加工情報と匿名加工情報の作成例を図解したものである。

## 3.3　データ活用・分析目的での個人情報を含むデータ提供・受領者側の留意点

データ提供者側の視点では，データの提供条件が，個人情報の当事者と交わした利用目的・項目・利用者・取得方法・取り扱い方法等に関しての同意内容と整合しているかの確認が必須である。また，提供先が共同利用者である場合，共同利用者およびその管理責任者が周知されているのか，上記の同意が適切なプロセスで取得され管理されているのかについても確認を行う必要がある。提供先との契約関係が業務委託である場合には，委託先の監督義務も発生する。また，データ提供先が第三者にあたる場合は，個人との同意を取ることに加え，提供者は，提供年月日・受領者の氏名等を記録しなければならない（個人情報保護法第29条第1項）。仮名加工情報に関しては，共同利用先，委託先への提供は条件付で可能であるが，第三者への提供は本人の事前の同意を得ていても禁止されており，個人情報として提供する必要があることに留意が必要である。個人情報に対して匿名加工を行って提供する場合には，加工した項目に関する公表を行うとともに，受領者に匿名加工データであることを周知する必要がある。

提供先が外国になる場合は，我が国と同等の水準の個人情報保護制度を有している外国とそうでない国によって対応が異なる（個人情報保護法第28条）。**GDPR**[†][20] が適用されるEU圏内等の我が国と同等の水準のある国での個人情報提供先は，国内の提供先と同等の条件で個人情報を提供することができる。一方で，それ以外の外国の提供先については，共同利用先や委託先であっても本人からの同意取得時に

- 移転先の所在国の名称
- 当該国における個人情報の保護に関する制度
- 移転先が講ずる個人情報の保護のための措置

に関する情報を当該個人に提供する必要がある（第28条第2項）。また

- 移転先における適正取り扱いの実施状況等の定期的な確認
- 本人の求めに応じて必要な措置等に関する情報を提供

を行う必要（個人情報保護法第28条第3項）があり，当該提供先の法令にも対応が必要となる[21]。したがって，外国にある第三者と製品開発やマーケティングなどの，学術研究以外の共同研究を行う際には，これらの事項に抵触

---

† REGULATION OF THE EUROPEAN PARLIAMENT AND OF THE COUNCIL on the protection of natural persons with regard to the processing of personal data and on the free movement of such data, and repealing Directive 95/46/EC (General Data Protection Regulation)

しないように十分な確認が必要である。

データ受領者側の視点としては，個人情報が適正に取得されたものであり，受領者の利用目的に則した利用目的の同意がデータ提供者と個人との間でなされているのか，また共同利用者や委託先といったどのような関係に基づいてデータの提供を受けているのかを把握する必要がある（個人情報保護法第30条)。共同利用者として受領する場合は，提供元と同等の責任・義務を負うことになり，業務委託の場合は，提供元の監督のもと，安全管理措置，従業者の監督等，適切な保管・管理の義務を負う。第三者提供にあたる場合は，受領者は，提供者の氏名，取得経緯等を確認し，提供を受けた年月日・確認に関わる事項等を記録する必要がある。

仮名加工情報に関しては，受領者が共同利用者，委託先にあたらない第三者となる場合には，受領できないことに留意しなければならない。匿名加工情報を受領した場合には，匿名加工情報に基づく個人の識別行為が禁止されているほか，さらに第三者に提供する場合には，匿名加工情報を作成した個人情報取扱事業者と同様の公表を行う必要がある。

提供元が外国である場合でも，受領したデータに含まれる個人情報の提供者の居住地や国籍を問わず，個人情報保護法が適用される。これと同時に，GDPR等の提供元が準拠する法令にも対応する必要がある。取得した個人情報の取り扱いについて，自らが他の手段で取得した個人情報と突合《とつごう》して一体となった個人情報を生成することは原則できないことにも留意が必要である。例えば，自ら持っている個人情報について，データ分析の要件に対して不足する項目を他所から入手した個人情報に基づいて補完することはできないということである。ただし，例えば，データ取得時に突合について明確な同意があるか，同一のプライバシーポリシーに同意しており互いのデータに関して相互に共同利用先に指定されているなど一体的な個人情報であるとみなせる場合には突合は可能である。したがって，個人情報の突合の可否は個人情報の提供者との同意内容から判断する必要がある。

データの受領者が，学術研究機関等（大学その他の学術研究を目的とする機関もしくは団体またはそれらに属する者をいう。個人情報保護法第16条第8項）の学術研究目的である場合には，利用目的による制限（個人情報保護法第18条第1項），要配慮個人情報の取得制限（個人情報保護法第20条第2項），第三者提供の制限（個人情報保護法第27条第1項）等については，個人の権利利益を不当に侵害するおそれがある場合を除き，例外規定が設けられている（個人情報保護法第18条第3項第5号および第6号，同第20条第2項第5号から第7号，同第27条第1項第5号から第7号等）。ただし，学術研究機関が行う研究であったとしても，例えば，製品開発を目的として個人情報を取り扱う場合は，当該活動は，学術研究目的とは解されない場合もある。つまり，共同研究，委託研究は学術目的と解されないものもあるので，研究目的や研究予算の枠組み等と照らし合わせた確認が必要となる。

## 3.4　データ提供・受領に関わる契約

データの一次取得者とデータ利用者が異なる場合，何らかの契約をもって，データ利用者による利用が可能となる。**オープンデータ**であったとしても，意図したオープンデータとしての取り扱いを担保するためにクリエイティブ・コモンズ・ライセンス[22]などの利用条件を付与することが一般的であり，対象データの利用規約に従った利用をする必要がある。個人情報を含むデータの場合には，3.1節で解説した個人情報保護法の枠組みで，個人と同意したデータ利用目的や共同利用者等の範囲内でデータを利用する必要がある。これと同時に，データの一次取得者とデータ利用者が異なる場合には，必ずしもこの同意範囲のすべての利用目的ですべての共同利用者が無条件で利用できるわけではない。このような場合には，さらに一次取得者とデータ利用者間の契約内容にも準拠してデータを取り扱わなければならない（**図3.3**，**図3.4**）。特に，これらの契約では，データの仕様や内容に守秘義務が課されることが多く，守秘義務を順守しなければ，損害賠償請求などの対象となる。また，不正を行った内容が営業秘密に該当する場合や限定提供データに該当する場合には，刑事罰が

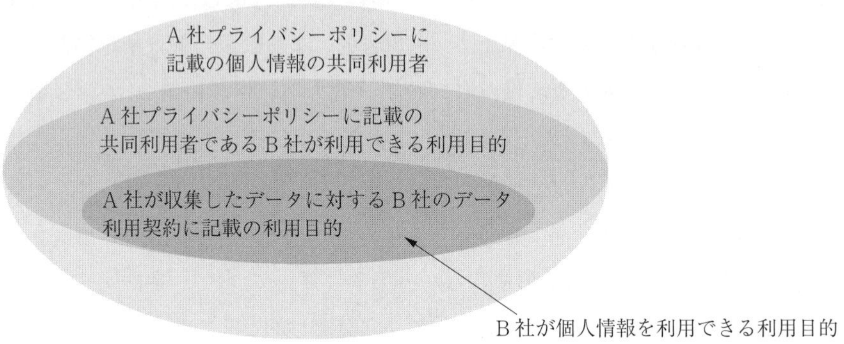


**図 3.3**　分析対象とできる個人情報の範囲

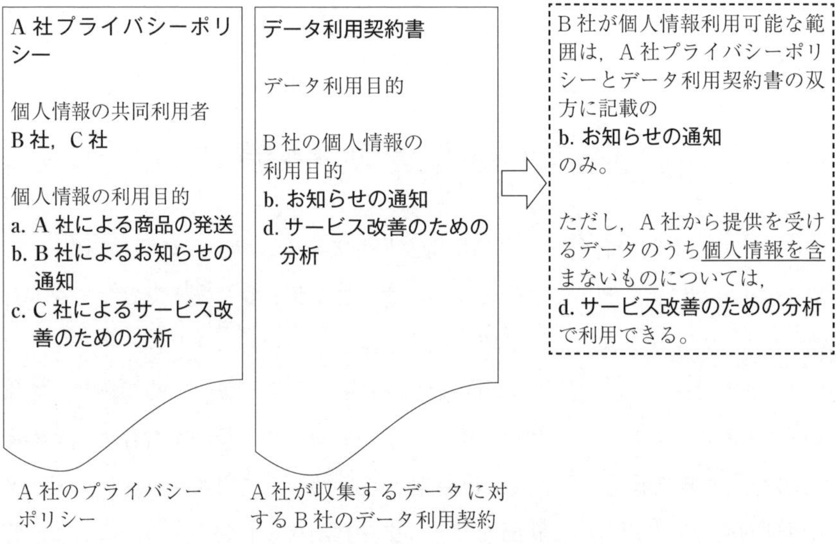


**図 3.4**　個人情報の利用可能範囲の例

科されることもある（**不正競争防止法**第2条，同法第16条）。

データの利用時に結ばれる主な契約等の例として

① 利用規約

② 秘密保持契約（NDA）

③ データ利用契約

④ 譲渡・寄付契約

⑤　業務委託契約（請負契約・準委任契約等）

⑥　委託研究契約

⑦　共同研究契約

⑧　統計法に基づく統計データの学術研究等への利用

などがある（**表 3.1**）。

①～④は，データそのものの取り扱いを定める契約に対し，⑤～⑦は研究・

**表 3.1**　データ利用で想定される主な契約形態

| 契約形態 | 利用者 | 目　的 | 派生データ | 知財権 | その他 |
|---|---|---|---|---|---|
| ①利用規約 | 規約による | 規約による | 規約による | 想定しない | オープンデータ等についても利用条件が規約に記載される |
| ②秘密保持契約（NDA） | 契約による | 契約による | 想定しない | 想定しない | データの分析等による成果は想定していない |
| ③データ利用契約 | 契約による | 契約による | 契約による | 契約による | |
| ④譲渡・寄付契約 | 受領者が設定できる | 受領者が設定できる | 受領者が設定できる | 受領者が設定できる | 譲渡者はデータを削除し，当該受領者以外に配布してはいけない |
| ⑤業務委託契約 | 受託者 | 委託目的の範囲内 | 委託者 | 主に委託者（契約による） | |
| ⑥委託研究契約 | 受託者 | 委託研究の目的の範囲内 | 委託者 | 主に委託者（契約による） | |
| ⑦共同研究契約 | 共同研究の当事者 | 共同研究の目的の範囲内 | 契約による | 貢献の割合に基づく | |
| ⑧統計法に基づく統計データの学術研究等への利用 | 大学，高等専門学校，専修学校等 | 学術研究等（匿名データ），学術研究の発展に資する統計の作成等（オーダーメード集計） | 統計成果物の学術研究への利用ができる（オーダーメード集計の場合） | 想定しない | 学術研究の成果が公表されること |

業務に伴って必要なデータを取り扱う場合が該当する。また，⑧に関しては，公的統計調査の調査票情報等の学術研究等への活用時が該当する。

①の**利用規約**は，データ提供者が有償・無償を問わず不特定多数の者を対象にデータの頒布を行う場合に用いられる。また，利用者の一般の利益に適合するときなど一定の条件下では，再同意の必要なく規約の変更を行えるなど（民法548条の4第1項），個別契約とは異なる特性がある。利用規約により利用可能なデータセットの代表的なものとして，オープンデータがある。**オープンデータ**では，オープンデータとしての性質[3)]を担保するため，**クリエイティブ・コモンズ・ライセンス**[22)]または，これに準じた表記がされることが多い。クリエイティブ・コモンズ・ライセンスでは，著作権者の表示，非営利，改変，二次著作物に対する利用条件の継承などの条件が付与されたライセンスである。著作物を対象としたライセンスであるが，データには著作物とみなされないものもあり，この場合にも，データ作成者，非営利，改変，派生データに対する利用条件の継承として読み換えられて，利用されることが多い。したがって，オープンデータであっても，無条件・無制限に利用できるとは限らないことに留意が必要である。また，官公庁によって公開されているデータであっても，国土交通省が公開している国土数値情報ダウンロードサービスのようにオープンデータの性質を満たさない利用規約を採用していることもあるので，データの利用の条件を確認することが重要である。

②の**秘密保持契約**は，秘密保持義務，対象となる情報，対象者，利用目的，目的外使用の禁止，知的財産権の取り扱い，情報の完全性・正確性・安全性，損害賠償・差し止め，有効期限，秘密情報の返還・破棄，管理方法等について定め，データ提供者・利用者の当事者間で結ばれるものである。一方で，発明や二次データの生成，データ活用から得られた内容を学会発表等で発表し公知にすることなど，データ活用で生じるアウトプットについての帰属や公表の可否について秘密保持契約で取り決めることはなく，データ活用を実施する際には推奨される契約内容ではない。一方で，データ活用を行うにあたっての仕様確認，データ活用依頼者の依頼内容の実現可否等を判断するうえで詳細な要件

の確認を行うなどアウトプットが期待されるフェーズ以前で必要となることが多い。

③の**データ利用契約**は，データ利用者に対して一定の権限を与えることを目的として，当事者間で結ばれる契約である。経済産業省が発表した「AI・データの利用に関する契約ガイドライン」[23]では，「データ提供者が保持するデータについて，一定の範囲の利用権限をデータ受領者に与えるが，データ提供者も当該データのすべての利用権限を失うものではない」と表現されている。

上記ガイドラインによると，秘密保持契約でも規定される

- 対象データの範囲・粒度・項目等
- 利用目的・目的外使用の取り扱い
- 利用者の範囲
- 損害賠償・差し止め
- 契約終了時の取り扱い
- 管理方法

に加えて

- 加工方法の制限
- 派生データ等の取り扱い
- 派生データ等によって生み出された知的財産権の取り扱い
- 派生データ等から生み出された利益の分配
- 提供データ等が期待されたものではなかった場合の責任
- 第三者への利用許諾等
- 知財取り扱い

などの項目についても定めることが必要である。秘密保持契約とは異なり，データが何らかの目的で利用されることが前提となった契約である。また，上記で規定される派生データ等の対象には，提供データをもとに作成された分析結果，統計データ，AIなどによる学習済みパラメータなども含むような条項とする場合もある。派生データ等の帰属や，利用権限がデータ提供者にもあるのかなど，一義的には定まらない項目についても，契約で定める必要がある。

例えば，提供データの契約終了後も派生データやデータを学習したAIやデータからパラメータを推定した統計モデルを使い続けることができるか，派生データについて提供データの利用目的以外の利用も可能かなどについての可否は，契約内容に依存することになる。

④**譲渡・寄付契約**は，上記の利用規約や契約に関して一切の権限の移転が前提となる。AI・データの利用に関する契約ガイドライン[23]では，「データ提供者が保持するデータについて，データの利用をコントロールできる地位を含む当該データに関する一切の権限をデータ受領者に与え，データ提供者は当該データに関する一切の権限を有さない」と表現されており，「データを記録した媒体をデータ受領者へ引き渡し，データ提供者は当該データを消去する」，「第三者のサーバー上にあるデータのアクセス権をデータ受領者に付与し，データ提供者がアクセス権を消失する」といった状況が該当する。

⑤～⑥では，委託の範囲内でデータ利用が可能であり，再委託の場合には，再委託の委託元には再委託先への監督の義務も発生することが一般的である。

⑦については，共同研究の目的の範囲内でのデータ利用が想定されており，データの管理責任は，契約者それぞれにある。

⑧**統計法に基づく統計データ**の学術研究等への利用には，**オーダーメード集計**（調査実施者である行政機関等に委託し集計結果を入手）あるいは匿名データ，調査票の提供がある。オーナーメード集計は，調査実施者である行政機関等に委託し集計結果を入手する方法で，「利用目的が『学術研究の発展に資する統計の作成等』，『教育の発展に資する統計の作成等』または『デジタル社会形成基本法（令和3年法律第35号）に規定された特定公共分野に係る統計の作成等』」に該当する必要がある。

匿名データの提供には，利用目的が「学術研究の発展に資する統計の作成等」，「教育の発展に資する統計の作成等」，「国際社会における我が国の利益の増進及び国際経済社会の健全な発展に資する統計の作成等」，「デジタル社会形成基本法に規定された特定公共分野に係る統計の作成等」に該当することが要件である。

調査票の提供には，統計法第33条第1項第2号に基づく提供，同第33条の2第1項に基づく提供があり，前者は

(1) 公的機関等からの委託または公的機関等と共同して行う調査研究

(2) 公的機関等からの公募による補助を受けて行う調査研究

(3) 行政機関の長または地方公共団体の長その他の執行機関が，その政策の企画，立案等に有用であると認める場合またはその他同等の公益性を有するものとして特別な事由があると認める場合

であり，(3) の後者は，「学術研究の発展に資する統計の作成等」または「高等教育の発展に資する統計の作成等」に該当する場合である。つまり，学術研究や教育，公共性のある用途に限定して，利用されることが想定されている。なお，これらのデータは，統計法第39条〜第43条において調査票情報等の保護規定が適用され，オーダーメード集計あるいは匿名データで提供されることが前提となっており，統計法第52条により，個人情報保護法の対象からは除外されている。

## 3.5 データの管理

本章で示す個人情報を含むデータに限らず，受領データについては，組織内の規則に従ったうえで台帳管理し，適切に取り扱う必要がある。組織内での規定では，個人情報の取り扱い規定やセキュリティポリシーに応じた対応が求められることが多く，情報の機密性の該当レベルに応じた対応が必要である。このような組織内の規定に準拠して確実かつ適切にデータを取り扱うだけでなく，データの提供元等との契約を確実に履行するためには，組織内の情報資産管理台帳などへの記載対象となっていないデータであっても，**台帳**等を用いて受領データごとに管理することが推奨される。管理することが望ましい項目については，下記に記載する。なお，組織内で情報資産管理台帳[24]や個人情報管理台帳[25]がある場合には，重複する情報も存在することから，項目の記入・更新等の運用方法については，整合性等が担保できるように留意する必要

がある。

1. 情報資産名称とその詳細
2. 情報資産管理台帳への記載有無
3. セキュリティポリシーによる機密性・完全性・可用性のレベル
4. 個人情報，要配慮個人情報等の該当，個人情報管理台帳への記載の有無
5. 利用契約・規約等のデータ保有・利用可能な根拠
6. 契約者
7. 個人情報の項目／件数（個人情報の場合）
8. 媒体・保存先（バックアップも含む）
9. データ受領元の情報
10. データ受領方法
11. データ受領日
12. 取扱責任者
13. 利用可能な権限を持つ者の範囲
14. 利用可能期間
15. 保管・利用環境の制限
16. 利用目的・用途
17. 委託先・共同研究先
18. 守秘義務の範囲
19. 契約終了時の処置
20. 廃棄方法
21. 共同利用・第三者提供・公開等の制限事項
22. 海外へのデータ越境移転規制（個人情報保護法，安全保障輸出管理の観点）

などである。また，これらの台帳管理とあわせて，実際の利用者や利用状況の記録（自動ログが望ましい）を監査ログとして作成しておくことが，万が一の紛失や流出時等の原因究明等にも役立つほか，故意の流出行為に対する抑止力にもなる。

# 4章

# データ活用型プロジェクト

本章では，「データ活用型プロジェクト」を定義したうえで，プロジェクトに関わるステークホルダー，プロジェクトで必要なロールを定義する。プロジェクトの基本的なフェーズについてプロジェクトマネジメント協会（PMI）の **PMBOK ガイド** [26] 等を参考にプロジェクトマネジメントの視点から整理し，解説を行う。本章では特にプロジェクトの枠組みやそれぞれのロールの役割を中心に解説し，データ活用・分析の個々のフェーズでのプロジェクトの管理については，次章で述べる。

## 4.1　データ活用型プロジェクトの定義

本章では，1章にまとめたプロジェクトの特徴を反映して，「データ活用型プロジェクト」の定義を「調査・実験等のプロセスを経ないモニタリングや二次利用によるデータを活用し，データサイエンスに関わる専門知識を駆使することで，課題発見，解決法の提案，予測・推定による解釈の支援，検証等を実施するプロジェクト」とする。

4，5章の説明では，プロジェクトに参画するメンバーをプロジェクト中での立場を表すステークホルダーと，プロジェクト進行中での振る舞いを定義するロールを用いて整理したうえで，プロジェクトのフェーズや運営方法について解説する。ステークホルダーとロールとの対応は必ずしも固定ではなく，各ステークホルダーやメンバーの状況に応じて，実質的な役割に応じて割り当てられる。したがって，複数のロールを持ったメンバーが存在する場合や，逆に，複数のメンバーに一つのロールがまたがる場合もあり，本書で示す例にとらわれず，プロジェクトの実情に合わせた割り当てが必要となる。

### 4.1.1　ステークホルダーの定義

データ活用型プロジェクトを推進するステークホルダーの組織を一般化した形で定義すると，主に「①**プロジェクト推進者**」，「②**データラボ**」，「③**データ提供者**」に区分することができる（**図 4.1**）。①プロジェクト推進者は，データの活用先や活用のニーズ，活用目的の認識に基づいて，主体的にプロジェクトに取り組むステークホルダーである。②データラボは，データ分析や活用方法に関する専門知識を有し，①プロジェクト推進者とともにプロジェクトを実施するステークホルダーである。組織内の専門部署であることもあるが，専門コンサルタントや研究機関等の第三者の組織がこの位置づけの組織としてプロジェクトに参画することがある。③データ提供者は，①プロジェクト推進者の事業に伴うデータを管理しているシステム管理者や，①プロジェクト推進者と

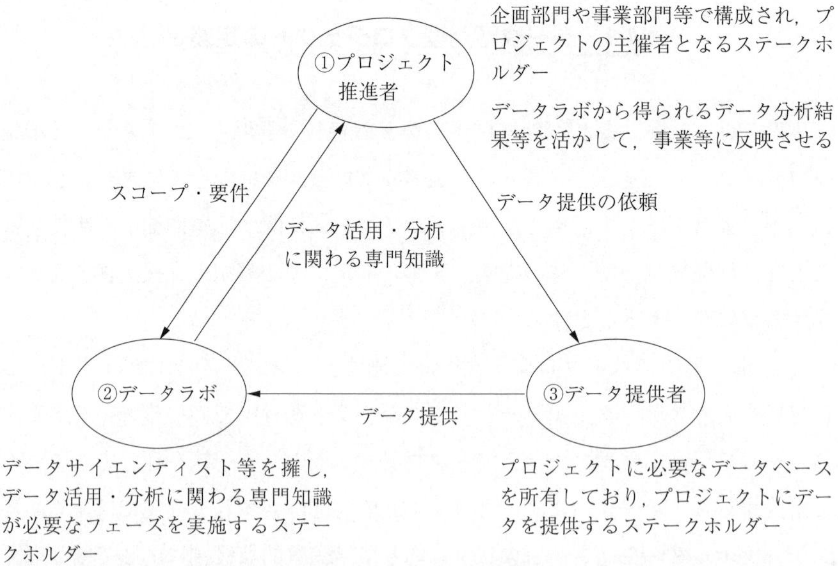


**図 4.1**　データ活用型プロジェクトの代表的なステークホルダーの関係図

はまったく異なる主体であるサードパーティデータのデータ提供者等，データを管理しているステークホルダーである。

なお，データ活用型プロジェクトの全体では，法務部門や情報システム部門などの①～③に含まれない組織（チーム）も参画することが想定されるが，本章では，データ取得に必要な契約等を終えた後の②データラボが関与するプロセスでのプロジェクト管理について詳細な説明を行うため，これらのチームについては省略する。

### 4.1.2 ロールの定義と会議体

プロジェクトの遂行に最低限必要なロールは，ステアリングコミッティ，プロジェクトオーナー，プロジェクトマネージャー，チームリーダー，チームメンバーである（**表 4.1**）。なお，実際のプロジェクト進行では，複数のロールの兼務や複数人でのチーム編成もあり得ることに留意されたい。例えば，大学の研究者が 1 人で行う研究プロジェクトでは，すべてのロールを兼務することになる。

**ステアリングコミッティ**は，プロジェクトの最高意思決定機関の位置づけであり，プロジェクトの中止，延長等のスケジュール変更，予算変更等の最終判断や重大なスコープ変更，組織体制変更，フェーズ移行についての承認を行うロールである。特に組織を跨ぐプロジェクトの場合には，ステアリングコミッティでの承認をもって双方の合意事項とすることで，重要事項のチームメンバーレベルでの曖昧な合意や変更によって引き起こされるコミュニケーションロスや巻き戻りなどのリスクを避けることが重要である。また，決定事項はプロジェクトメンバーへの周知事項とすることで，プロジェクトメンバー全体で共通認識とすることも必要である。一方で，軽微な事項の変更までステアリングコミッティの決定事項とすると，実施内容の修正・変更に多大な労力がかかることから，プロジェクトの柔軟性を失うことになる。

**プロジェクトオーナー**は，プロジェクトの企画や成果に責任をもつ位置づけであり，企画全体に影響するプロジェクトの課題を統括するロールである。具

表 4.1　ロールの一覧

| ロール | 説　明 |
|---|---|
| ステアリングコミッティ | 利害調整や意思決定を行う関係者の代表で構成される。<br>各チームの所属組織の責任者等，プロジェクトの継続や中断，スコープ変更，費用負担，体制変更等などの意思決定ができるメンバーで構成される。 |
| プロジェクトオーナー | プロジェクト全体の責任を負うロール。データ活用型プロジェクトでは，データ活用によって，何らかの改善や，研究実施，新規ビジネスの確立など，プロジェクトの実施目的をもってプロジェクトに参画する。成果を得るまでのプロセスの当事者として，成果物の要件などの仕様の策定や，プロジェクト運営で明らかになった課題に対する判断の責任を負う。 |
| プロジェクトマネージャー | プロジェクト全体を管理し，運営することに対する責任を負うロール。進捗や課題の管理を滞りなく行うことで，スケジュール，費用，スコープの変更を最小限に抑えるとともに，必要な変更を適切に管理し，プロジェクトオーナーの判断を仰ぐなど，プロジェクトを円滑に運営することが求められる。 |
| チームリーダー | 各チームでのプロジェクトの進行をリードするロール。チーム内のタスクを把握し，進捗や課題を管理するなど円滑なチーム運営が求められる。チーム内で解決できない課題に関しては，プロジェクトマネージャーと調整するなど，チームを代表したコミュニケーションを行うことが求められる。 |
| チームメンバー | チームメンバーは，チームリーダーのもと具体的なタスクを実施する者である。チームメンバーの中には，「データサイエンティスト」等の専門性を持ったメンバーも含まれる。 |

体的には，予算やスケジュール内で行われる実施内容の変更判断や軽微なスコープの修正などの判断，プロジェクト進行によって現れた課題等の解決方針の選択を行うことなどを実施する。

**プロジェクトマネージャー**は，プロジェクトの進行に責任をもつロールである。日々のプロジェクトの進捗管理，課題管理を行い，プロジェクトの状態を常に把握し，なんらかの障害が発生する場合には，プロジェクトがスコープ通りに進行できるように調整を行う。また，スコープ変更などの変更管理事項や，予算やスケジュール超過の予兆を切り出し，プロジェクトオーナー以上のロールにエスカレーションし，判断を仰ぐなど，適切な判断のもとプロジェクトを進行する責任がある。

**チームリーダー**は，各担当のチームをとりまとめ，日々のタスクの進行を管理するロールである。チーム内でのコミュニケーションを行い，進捗状況を把握するとともに課題の発生を検知し，プロジェクトマネージャーに報告することが求められる。プロジェクトオーナーやプロジェクトマネージャーの判断が求められる事案については，判断に必要な資料を作成するなど，専門性が必要な作業も実施する。データラボを担当するチームリーダーは，ビジネスデザイナー，データサイエンティスト，データエンジニアなどの専門性の異なるチームメンバーを統括し，データ分析や資料作成，他のチームとのコミュニケーションを取りまとめる。

ロール間のコミュニケーションは，それぞれ異なる会議体（**表 4.2**）で行う。各ロールに割り当てられた役割が異なることから，それぞれの判断に必要なメンバーと議題をもって会議を開催する。データ活用型プロジェクトに適した会議の開催方式や開催時期は，プロジェクトのフェーズによって異なることから詳細な運営方法については，次章で示す。

**表 4.2**　会議体の一覧

| 会議体 | 開催時期 | 参加者 | 内　容 |
|---|---|---|---|
| ステアリングコミッティ会議 | プロジェクト開始・終了時，フェーズ移行時等 | ステアリングコミッティ，プロジェクトオーナー，プロジェクトに参画するステークホルダーの代表者 | プロジェクトの中止，延長等のスケジュール変更，予算変更等の最終判断や重大なスコープ変更，組織体制変更，フェーズ移行について，最終承認する。 |
| プロジェクト・進捗報告会議 | 週次～月次 | プロジェクトオーナー，プロジェクトマネージャー，チームリーダー | プロジェクトの進捗，課題の管理を行う。<br>スコープ変更やスケジュール等についての実務的な調整を行う。 |
| チーム内会議 | 日次～週次 | プロジェクトマネージャー，チームリーダー，チームメンバー | 日々の進捗管理，課題抽出等を実施する。 |

## 4.2　研究機関と企業のデータ活用型プロジェクトの違い

研究機関と企業のデータ活用の違い（**表 4.3**）は，プロジェクト推進者のデータ活用の目的の違いである。大学等の研究機関がプロジェクト推進者となる場合，「研究者が，人間・社会や自然について総合的・体系的に理解したいという知的欲求を源泉に，真理の探究を目的」[27] に行う**学術研究**が中心的なプロジェクトとして実施されている。このようなプロジェクトは，必ずしも社会実装がゴールではない。また，プロジェクト推進者も研究者であり，専門家として分析等の知識を有することから，プロジェクトのスコープや規模に応じて，プロジェクト推進者とデータラボの機能は，同じ研究室等の同じ主体が双方の機能をもつなど一体的な主体が実施することもある。なお，研究機関では，学術研究のほかにも，産官学連携によって進められる共同研究や受託研究などがあり，プロジェクト推進者が企業側である場合もある。

**表 4.3**　研究機関と企業のデータ活用の違い

| 項　目 | 研究機関 | 企　業 |
|---|---|---|
| 目的・ゴール | 自由な発想と研究意欲を源泉として行われる知的創造活動であり，実装は必須ではなく，学術的成果が求められる。 | 事業の立案，実施，改善や事業計画等の策定であり，実装や経営判断の材料となることが求められる。 |
| 分析やデータに対するリテラシー | データを扱う分野であればある程度習得済であることを期待 | 専門部署以外が獲得することは容易ではない。 |
| データ分析の実施者 | 何らかのデータを扱う分野であれば，プロジェクト推進者の研究者自らが実施する場合も多い。 | プロジェクト推進者以外の組織が関与することが多い。 |
| 要件定義の実施者 | プロジェクト推進者 | プロジェクト推進者の責任ではあるが，データラボ等が支援する。 |
| プロジェクト管理 | プロジェクト推進者 | プロジェクト推進者がデータラボ等と併走する。 |
| プロジェクトの評価 | 研究資金提供者等 | 経営層等を含むステアリングコミッティ |

一般的な企業で実施するプロジェクトでは，事業部門等がプロジェクト推進者となり，顧客に対するサービスや業務内容を改善し，収益性を高めたり，事業のリスクを低減することなど，何らかの事業の改善に寄与することが目的となる。つまり，データ活用の最終的な目的は，事業のプロセスの中に何らかの実装や，計画策定や事業推進に必要な判断に直接的に活かされることが前提となる。データ分析に関する実務は，分析手順等が定常的な作業で行えるものであればプロジェクト推進者自身で行うことも想定される。一方で，そのような定常的な手順の策定や定常的な分析による結果に対する詳細化や精緻化には，データサイエンス等の専門知識が必要となることが想定され，専門部署やコンサルタント等の専門の企業がデータラボの役割を担う。つまり，データ活用を実施するプロジェクト推進者と，活用のために専門知識を持って分析や方策を定義するデータラボを担う部署・組織が異なることが一般的である。

プロジェクト推進者，データラボ，データ提供者の主体が異なる場合には，それぞれが持つ知識や情報の非対称性やプロジェクト経験の違いから，ロールの設定やコミュニケーション計画を含むプロジェクト管理が重要な要素となる。

例えば，企業の事業部門がプロジェクト推進者となる場合，事業のフローやビジネスモデルについて事業部門しか知り得ない情報が多くあり，事業の制約条件などを考慮して課題解決の施策の設計可否や実施判断は事業部門でのみ実施可能な事項となる。一方で，データラボがそのような情報をまったく考慮せず分析を実施しようとした場合，実施可能な案の提案や分析条件の設定を行うことが難しいということが発生し得る。

したがって，プロジェクトの基本的な要件や目的はプロジェクト推進者でなければ描けない要素が多い一方で，データ活用には一定の専門性が必要であり，プロジェクト推進者だけではプロジェクトのゴールやこれに至るプロセスを描くことは難しい。さらにデータ活用型プロジェクトの特性として，データ分析等を実施することで，その結果に応じて，その後のプロセスやゴールが変化することもあり得るという特徴もあり，プロジェクト推進者とデータラボ間でのコミュニケーションが重要である。このことから，データラボは，プロジェクト推進者からの一方的な依頼に基づいて分析や活用方法の構築を実施するのではなく，要件定義やデータ活用型プロジェクトの計画や目標設定のフェーズも含めて，プロジェクトに参画する必要がある。特に，プロジェクト推進者が期待する分析や活用方法と，データラボが想定する内容にギャップが生じないよう，段階的にデータ分析を実施し，プロジェクト推進者と密なコミュニケーションのもとプロジェクトスコープを管理することが非常に重要となる。このようなプロジェクト管理が不十分であると，プロジェクト推進者の期待とは異なる分析方法をとったり，プロジェクトのスコープの達成につなげることができないリスクがある。

## 4.3　データ活用型プロジェクトの体制

**図 4.2** に，データ活用型プロジェクトでとられる，プロジェクト推進体制の例を挙げる。図では，a. プロジェクト推進者が主導するもの，b. プロジェクト推進者に対してデータラボが伴走するもの，c. プロジェクト推進者とデータラボが共同で実施するものを示している。

「a. プロジェクト推進者が主導するもの」での，データラボの役割は，プロジェクト推進者が定めた分析スコープに従って与えられたデータの分析を行い，レポーティング等で結果をフィードバックすることである。プロジェクト推進者が主体的にプロジェクト管理を行い，データラボはデータ分析や活用方法の構築等のプロセスの実施役としての役割を担う。したがって，このような体制の場合には，プロジェクト推進者に十分なデータ活用プロジェクトの推進に対するノウハウが必要となる。

「b. プロジェクト推進者に対してデータラボが伴走するもの」では，プロジェクト推進者がプロジェクトオーナーのロールを担う一方で，プロジェクトマネジメントは，データラボと共同で実施する。プロジェクト推進者に十分なデータ活用プロジェクトに関するノウハウがない場合に，データ分析等に関わ

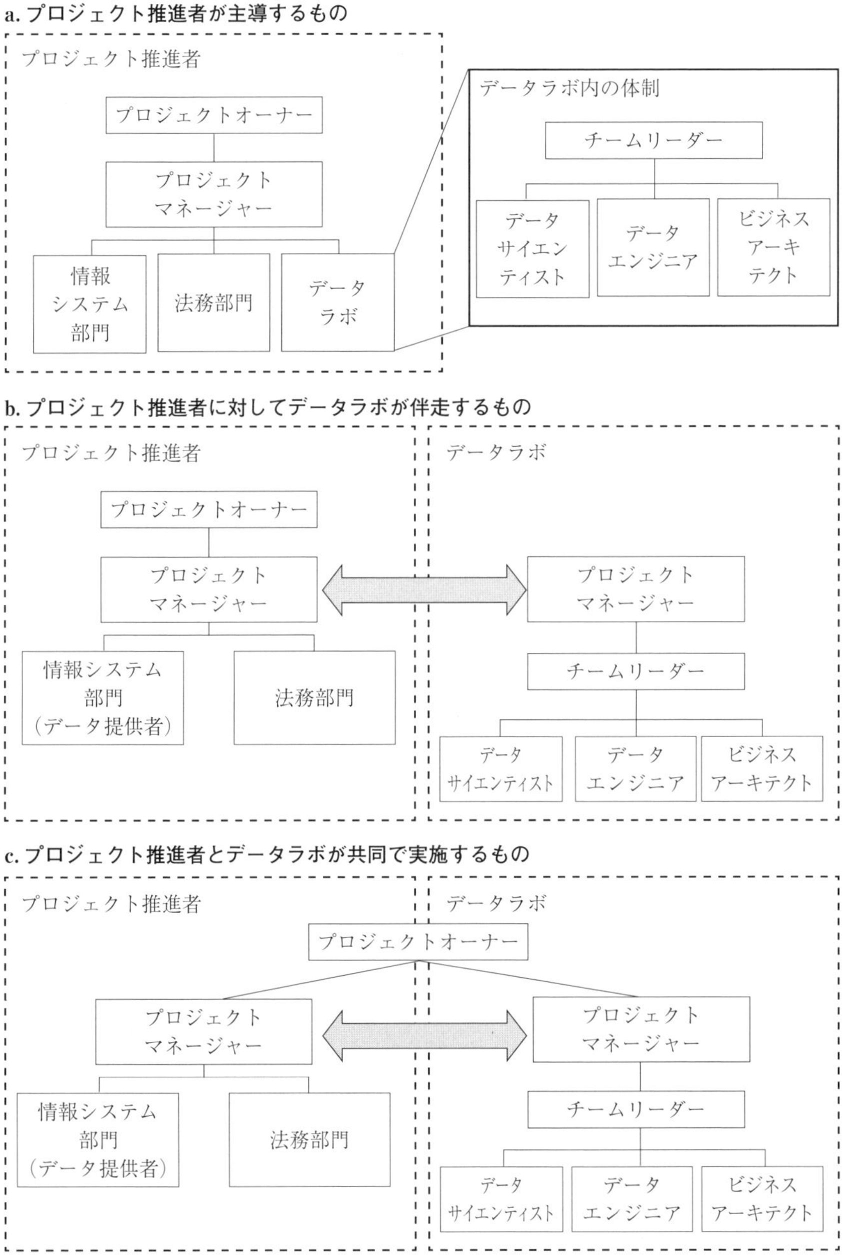


**図 4.2**　データ活用型プロジェクトの体制

るフェーズについて，データラボのプロジェクトマネージャーに権限を委譲して，プロジェクトマネジメントを分担する。

「c. プロジェクト推進者とデータラボが共同で実施するもの」は，プロジェクト推進者とデータラボが共通したプロジェクトのスコープをもつ場合となる。学術研究のプロジェクトでは，プロジェクト推進者にとっては新しい手法の開発が実施でき，データラボにとっては新しい対象への手法の適用ができる共通するテーマに対して，両者にとって新規性や進歩性を有するアウトプットが得られる場合も多く，このような体制も発生しやすいと考えられる。

「a. プロジェクト推進者が主導するもの」でのデータラボが担当するプロセスの例が，**図 4.3** である。プロジェクト推進者があらかじめ準備したデータの仕様や制約条件，分析のスコープ等に従って，要件定義，データ分析の設計，データクレンジング・データベース実装，数理解析を行い，アウトプットを行う流れとなっており，プロジェクト推進者が定めた各プロセスの移行判定，コミュニケーション方法に従って進行する。プロジェクトマネージャーは，プロジェクトがデータラボが行うフェーズに到達するまでに，正確なデータ仕様の受け渡しや分析スコープの設定を終えるようにプロジェクトを進行する必要があるほか，データラボが行う各プロセスでの課題の把握，スコープ変更が必要となった場合の的確な提案等を行うことが求められる。このことから，プロジェクトマネージャーはデータ分析に対する深い知識を持ち，データ活用型プロジェクトの特性をよく理解している必要がある。

データ活用型プロジェクトのプロジェクトマネージャーには，一般的なプロジェクト管理の知識に加えて以下が求められる。

① プロジェクトマネージャーがデータ分析に対する深い知識を持ち，データ分析結果を解釈し，これに応じた課題抽出，スコープ変更等を適切にプロジェクトオーナーに提起できること

② 分析に必要なデータを把握し，分析の前提となる仕様をデータラボに開示すること

①が不十分な場合，プロジェクトで達成したいスコープとデータ活用で可能

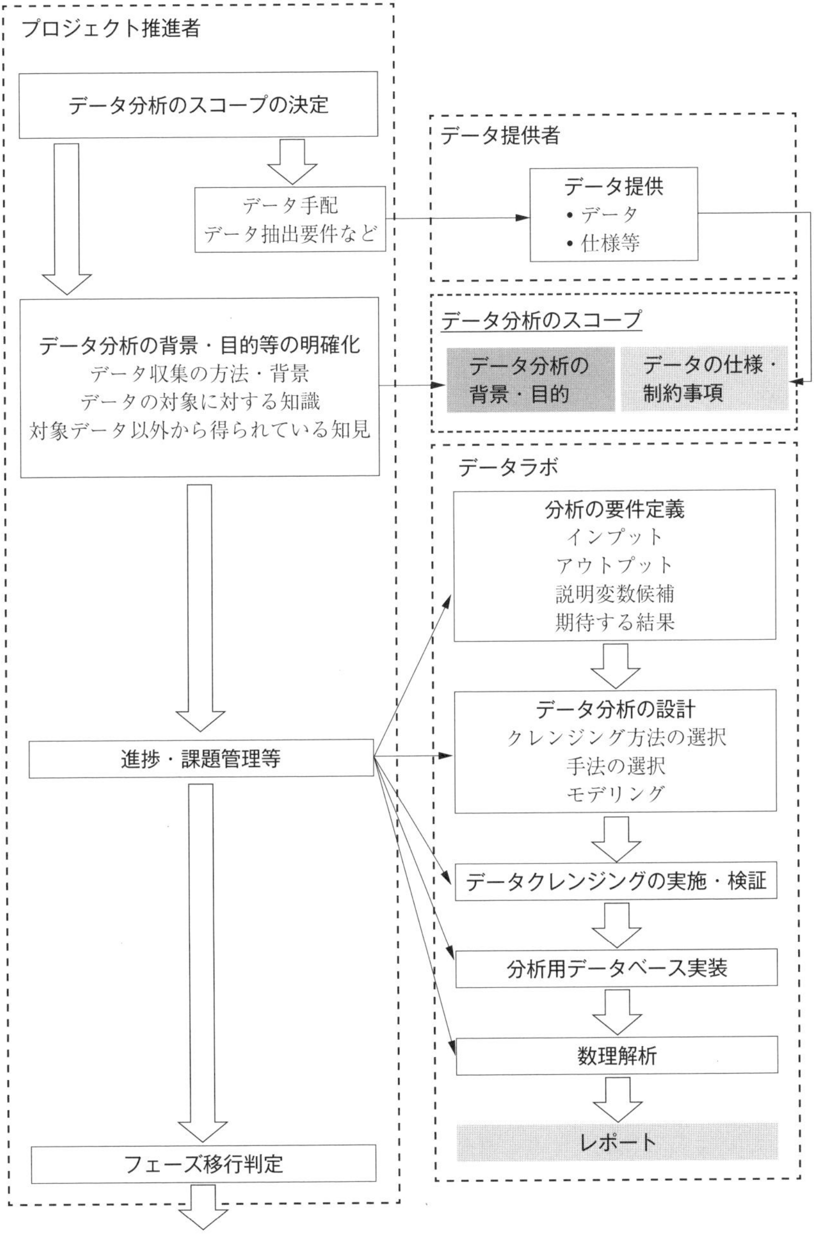


**図 4.3**　「a. プロジェクト推進者が主導するもの」でのプロセス

な実施内容がかけ離れてしまうことで，データ活用を適切に行えない可能性が生じる。例えば，データ分析に対する専門性が乏しいために，「AIを活用して業務を改善する」や自社の要件を明確にしないまま他社の事例と同じ手法を用いるなどの明確なスコープを持たないままデータラボに分析や活用手法の開発を依頼するような場合である。このような場合には，データ分析や活用方法の開発を実施したが，事業に反映する場所がないというような結果を招くことが想定される。

②が不十分な場合は，スコープの達成に必要なデータが提供できない，あるいは必要な情報が記録されていないことが後から発覚するなどの問題が発生することが想定される。例えば，データラボが購買行動の分析等を実施する際に，行動モデル分析を行ううえで購買時点での顧客属性が説明変数として重要な一方で，プロジェクト推進者が行っている事業の通常の業務では最新時点の顧客情報があれば十分であることが多く，過去の購買時点の顧客属性を管理していない場合が想定される。このように，データ項目が用意されていればデータ分析に必要な要件を満たすわけではなく，同じ項目名でもデータの提供者と分析者の双方で慣習的に用いている要件の違いがデータ分析に影響を及ぼすこともある。この例のような，データ更新の仕様や過去データのアーカイブ状況など細かな仕様についても，プロジェクト推進者が留意することが求められる。

上記に示した通り，データ活用・分析業務には高い専門性に基づいた判断が求められることから，専門性を持たない組織が単独でプロジェクトの企画を行い，立ち上げることは難しい。したがって，「b. プロジェクト推進者に対してデータラボが伴走するもの」のように，プロジェクトの企画当初より，データ活用型プロジェクト推進に必要な専門性を取り入ることができる体制が必要となる。このような体制により，課題設定を行いデータ分析や活用のための開発等に着手する前に法令等の順守状況を整える，データ収集系のシステムに必要な改修を行う，データを活用してエビデンスベースでスコープを設定するなどのステップを設定することが可能となり，プロジェクト失敗のリスクを大幅に低減することが可能となるだろう。

## 4.4　データ活用型プロジェクトの推進フェーズ

データ活用型プロジェクトでは，プロジェクトの企画段階から，データ活用に関する専門性が求められる。図 4.3 で示したプロセスでは，プロジェクト推進者がデータ活用のスコープと同時に，データや活用に対する技術的性質について十分な理解をもって，データラボにデータと分析要件を提示できることが前提であったが，前節で述べたように，プロジェクト推進者に十分な知識がない場合には実施することは難しい。プロジェクト推進者が明確なデータ活用の目的を持っていても，使用できるデータが要件を満たさないことや，これによりデータ活用が課題解決の最適な解決策にならない場合もある。また，プロジェクト推進者の課題設定やデータ活用に関する知識が不十分である場合には，過大なスコープの設定やデータ活用までに必要となるタスク等を想定できていないことに起因して，プロジェクトの実施自体が難しくなる場合もある。

上記のような課題に対応するため，「b. プロジェクト推進者に対してデータラボが伴走するもの」のような体制での推進が必要であることを前節では述べた。このような推進方法では，プロジェクト全体のスコープやデータの活用・分析の要件，データの仕様等の明確さが不十分であることを前提としたプロジェクト推進を行う必要がある。このようなデータ活用型プロジェクトの推進には

① 現状理解・問題把握

② 課題設定・分析・解決策の提案

③ 施策実施・検証

の三つのフェーズが必要である（**図 4.4**）。①現状理解・問題把握のフェーズを十分に実施したうえで，②課題設定では課題解決の方策の見通しが立つ問題を対象に課題設定を実施し，③施策実施・検証に進む。①②のフェーズは，③のフェーズを実施するための要件定義を行うフェーズであるが，これらのフェー

| ①現状理解・問題把握 | ②課題設定 | ③施策実施・検証 |
|---|---|---|
| データ仕様の確認，対象の理解，現状理解を探索的分析（EBA）を通じて実施し，問題の把握を行う。 | 課題を設定し，分析を実施し，データ分析による仮説検証に基づいて，解決策を提案する。 | 施策を実行し，データ分析を通じた効果検証を実施する。必要に応じて，さらなる改善案を提案する。 |

**図 4.4**　データ活用型プロジェクトの推進フェーズ

ズでも，施策実施時に用いるデータを対象としたデータ分析等を使用して進行する点が，従来のプロジェクトの実施方法とは異なる。

①は，データラボに対し，事業内容，データ仕様などのプロジェクトのスコープを明確にしたり，正確なデータ分析を実施するためのインプットを行うことに主眼を置いている。②は，現状のデータの整備状況で実行可能なスコープを定める，あるいはスコープに合わせてデータ取得方法や基盤を整備するなど，データ活用そのもののスコープ設定を行うフェーズとなっている。②での課題設定で設定し得る課題は，現状のデータ整備状況を前提としたデータ活用の提案だけではなく，新たなデータ収集や連携方法の整備などプロジェクト全体のスコープ変更等が見込まれる提案が含まれることがある。

### 4.4.1　現状理解・問題把握フェーズ

図 4.4 の①現状理解・問題把握フェーズでは，**図 4.5** を実施することで

- データの仕様
- 事業課題・研究課題
- データ活用を行いたい部門のリテラシー

の三つについて把握する必要がある。これにより，データの仕様が，プロジェクト推進者が想定している課題に対しての要件を満たしているのか，あるいはデータ活用に対して適切な課題設定がされているかを判断する基礎情報とすることができる。

プロジェクト開始の初期での各ステークホルダーが持つ情報とデータの関係を図 **4.6** に示す。プロジェクト推進者は，プロジェクトの対象については把握

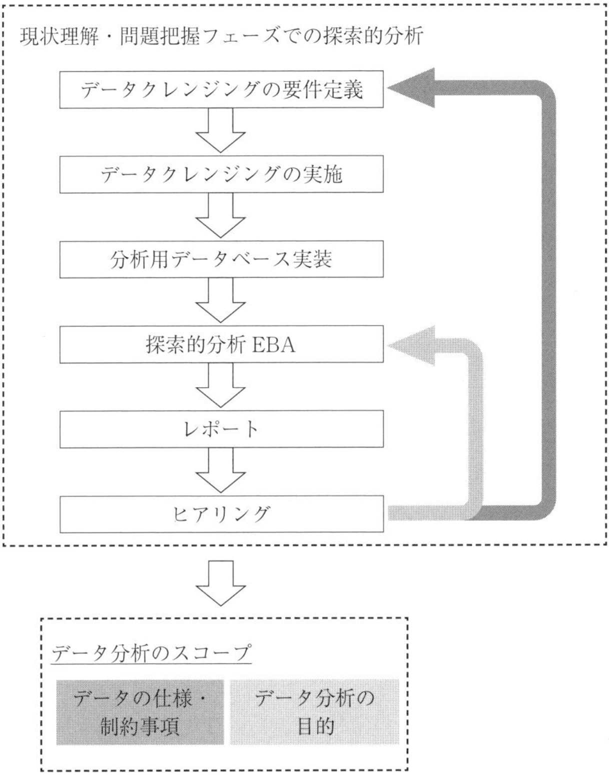


**図 4.5**　現状理解・問題把握フェーズのフロー

しているがデータ活用に関する専門知識はない。データ提供者は，データ収集・管理に使われているシステムは把握しているがデータ活用に必要なシステムやデータの加工についての知識は薄い。データラボは，データの活用のためのシステムや実装についての知識はあるが当該事業に対する経験はないという状態が，このフェーズのスタート時点である。このうえで，本フェーズのゴールは，課題の記述を行い，提案への準備を行うことであり，このための前提条件は各ステークホルダーの領域に分かれて理解されているプロジェクトの対象やデータの性質に関して，共通理解を得ることである。

特に，プロジェクト推進者やデータ提供者のデータ活用に対するリテラシーが低い場合，データの項目とデータ型程度の情報しか仕様書に記載がないこと

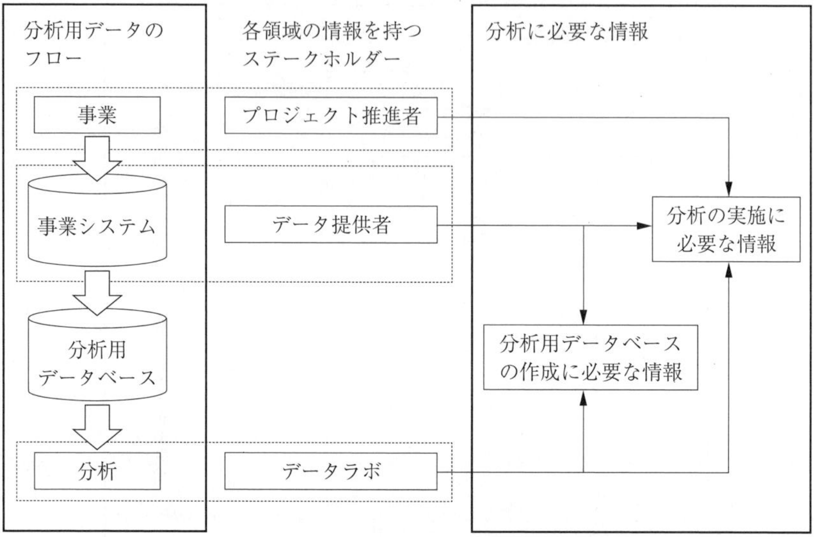


**図 4.6**　分析データと各ステークホルダーのもつ情報の範囲

も多い。プロジェクト推進者が定常的に行っている業務や定期レポートなどでの KPI（key performance index）算出等で実施しているデータクレンジングやフィルタリング処理等が明文化されていないこともあり，このような仕様の伝達が行われなければ，データ分析がどのような高度な分析を行ったとしても，無意味な結果しか得られないこととなる。明文化されていない仕様の把握をヒアリングのみから行うことは非常に難しいことから，このフェーズでデータラボが行うデータ分析では EDA（explanatory data analysis）を中心に行い，仕様確認のための集計分析・可視化を実施する。例えば，基本的な項目での属性の集計（例えば性別や年齢分布）などを行い基本的なデータの性質を確認したうえで，プロジェクト推進者やデータ提供者が当該データを用いて日常的に用いている指標等を試算し，データの実装状況を検証する。データの基本的な性質を把握するだけでなく，データ抽出時の欠損や，仕様に未記載の処理，構築した集計処理の不備などを見つけ出すことによって，データのハンドリングをより確実に実施することができる。

上記のデータの集計分析・可視化と同時に，基礎集計をもとにプロジェクト推進者やデータ提供者に対してデータラボがヒアリングを実施し，データの各項目の仕様を詳細に理解することも必要である。重要な観点の例として，データがデータクレンジングの前の値なのか，推定による補完データや補正データが含まれるのか，アンケート等の聞き取りによって得られたデータなのか，何らかのセンサーなどで記録されたデータなのか，他のデータ項目から自動計算されたデータなのかなど，データの生成過程や，データの取得頻度やタイミング，欠損データの処理等がある。データラボがこのような詳細項目を理解していない場合，例えば，データ補完が多くあるデータセットにそのような性質を知らず機械学習を適用した場合には，データの観測対象ではなく，データ補完に用いた手法の性質を学習してしまったり，データが持つばらつきや時系列での変化の特性に関する解釈を誤ったりする可能性もあり，その後のデータ分析や機械学習の活用等で期待する結果が得られない可能性がある。

この例のように，前提条件を正確に把握しなければ，統計学やデータサイエンスの手法を正しい手順で実施し，正しいモデルの評価方法を適用したとしても，意味のある結論を導けるとは限らない。したがって，分析の目的や対象の性質，データの仕様・制約事項をこのフェーズで理解し明文化することで，この後のフェーズでの失敗のリスクを下げることができる。

データラボがデータを取り扱う際には，データ収集の目的や経緯，データクレンジング等の前処理状況など，データ提供者しか知り得ない情報が多分にあり，情報の非対称性があることを理解する必要がある。また，そのプロジェクトでどのようなデータをどのような形で活用し，どのような成果を得たいのかという点は，データラボが専門性に基づいて提案することも可能ではあるが，その実施可否はプロジェクト推進者でなければ判断ができない事項である。したがって，このフェーズでは，プロジェクト推進者やデータ提供者のデータ活用に対するリテラシーが十分でない場合には，データ活用の専門家であるデータラボには，主体的にデータの確認，集計分析によるデータの確認を行ったのち，データの特徴や事業内容のヒアリングを通じて，データ活用・分析を行う目的やデータの仕様を明らかにする努力が求められる。

## 4.4.2　課題設定フェーズ

図 4.4 の②の課題設定では，①の現状理解・問題把握フェーズで収集した問題を明確化し，課題設定と解決案の設定を行う（**図 4.7**）。事業の場合には施策案，研究の場合には研究目的の達成に向けた分析案を作成する。これらの案を評価するために

- 仮説検定等の統計分析
- 因果推論
- 数値シミュレーションによる施策評価

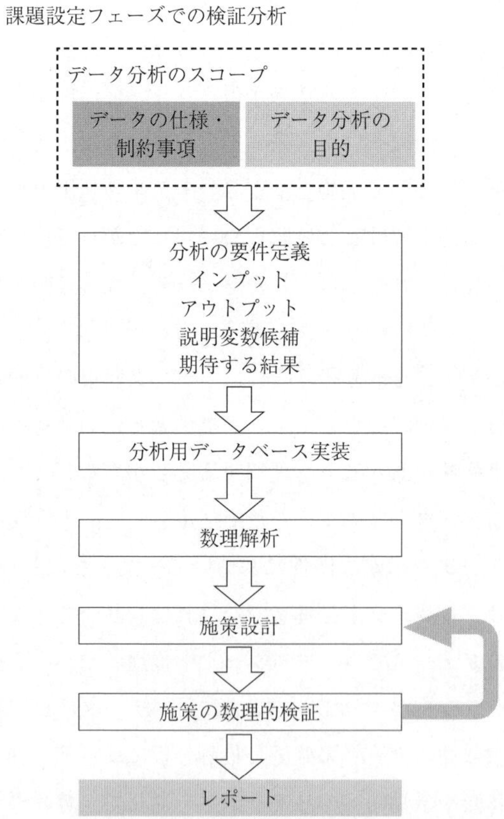


**図 4.7**　課題設定フェーズのフロー

等を実施する。

### 4.4.3　施策実施・検証フェーズ

図 4.4 の③の施策実施・検証フェーズは，施策を実施し，結果についての検証を行うフェーズである（**図 4.8**）。

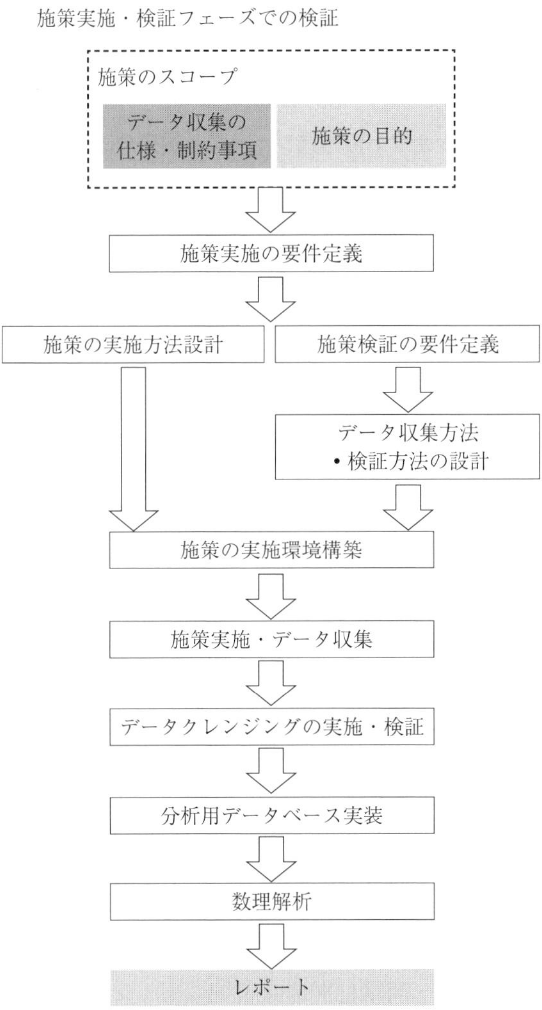


**図 4.8**　施策実施・検証フェーズのフロー

このフェーズでは，施策に応じた実験準備が必要であり，事業であれば，分析結果等のシステム連携など，エンジニアリングの要素も必要となる。また，研究で調査等を実施する場合であれば，調査設計およびシステムの設計，実施計画を策定したうえで，これらを実施しデータを収集する必要がある。これらの施策実施，データ収集，収集データを用いたデータ分析と施策評価・検証を終え，これらをレポーティングすることでプロジェクトは終結（クローズ）する。

## 4.5　データ活用型プロジェクトの推進フェーズと従来の改善のプロセスとの関係

図 4.4 の①現状理解・問題把握～③施策実施・検証のフェーズの推移は，データ活用に関する専門知識を持ったデータラボが介在にかかわらず，通常の業務改善等のプロジェクトでの推移と対応した一般的な推移としても理解できる。通常の業務改善や研究テーマの策定時に行っている手順と本質的には大きく変わらないためである。業務改善のプロセスの例を挙げたものが**図 4.9** である。このプロセスは大きく分けると

A.　課題設定

B.　課題解決のための施策の要件定義

C.　施策の実装

D.　評価・検証・モニタリング

のプロセスで構成される。既往の方法では，A では，日々の活動や顧客からの問い合わせ，他社事例のレビューから課題を探し，B で担当者が日々の業務をレビューや有識者にヒアリングすることで解決策を見出し，C で部署内での内製や協力会社を通じたシステム化を行い，D で検証等を行うというプロセスとなっている。

データ活用型プロジェクトでは，A ～ D のプロセスのフレームを変えるものではなく，①現状理解・問題把握は A に相当し，②課題設定は B，③施策実施・検証は C，D に相当する。データ活用型プロジェクトが従来の業務改善

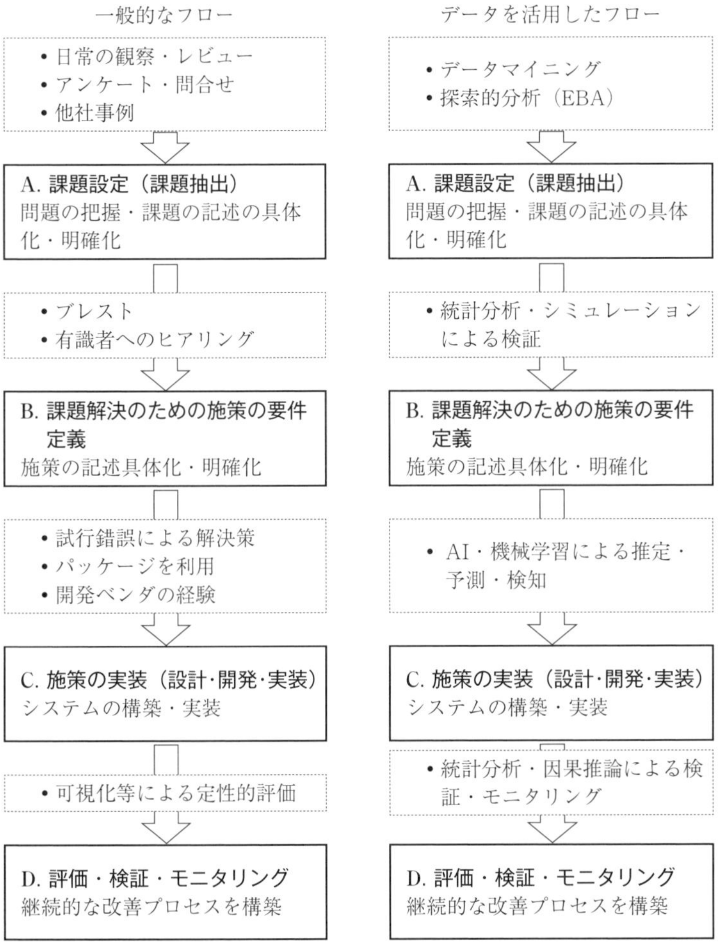


**図 4.9**　一般的な業務改善のフローとデータを活用したフローの比較

等のプロセスと異なるのは，これらのプロセスにデータ分析・活用が介在する点である。これにより，A では，課題の具体化・明確化・記述をより正確にしたり，データがなければ見つからなかったような課題を見つけたり，早期の発見を行うことが主眼となる。B では，課題解決の手法の要件定義をより精緻に行うことが重要となる。C では，施策解決のためのより効率的かつ効果的なシステムを構築することがゴールである。D では，継続的な改善プロセスに活かせるように効果検証を実施したり，継続的に実施状況をモニタリングできるように環境を整えることがゴールである。

このように，データ活用型プロジェクトの各フェーズのデータ分析・活用には異なるゴールが設定されており，各フェーズで求められる要件は大きく異なることがわかる。

A では，未知の課題の発見や，既知の課題のより詳細な記述が重要となる。つまり，いわゆる**課題の 5W1H**，つまり，誰が（who），どこで（where），いつ（when），何をするときに（what），どういうメカニズムで（why），どのような（how）現象が発生しているのかを明解に記述したうえで，なぜこれを改善する必要があるのかを明確にすることがデータ分析の目的となる。したがって，この時点では，明確な仮説に基づいた統計分析や AI 等を用いた高度な予測等を行うことは分析のスコープには入らず，事業担当者が事象を見つけたり，正確な理解をすることが重要である。これに対応するデータ分析手法は

- クロス集計等を含む基礎的な集計
- 可視化による直観的な把握
- 教師無し学習等を用いたデータの特徴的な変化やセグメントの検出

などとなる。

B は，A で設定された課題を評価し，解決方法の案を作成し，その案が有効であるというエビデンスを得ることが目的となる。つまり，施策案に対していわゆる **5W2H**，つまり，誰が（who），いつ（when），何をすることによって（what），どういうメカニズムで（why），どのように（how）課題を解決し，その費用対効果（how much）は十分なのかを立案し，検証することがデータ活用の目的となる。したがって，この時点では，課題に資する施策の方法やそのパラメータとなり得る変数の洗い出し，業務で実施可能な代替案作成，代替案の評価のためにデータを活用することになる。これに対応する手法は

- 仮説検定等の統計分析
- 因果推論
- 数値シミュレーションによる施策評価

などとなる。なお，AIや機械学習等の手法も，数値シミュレーションをモデルの一部としてや，シミュレーションのシナリオを生成するための一手法として活用可能であるが，ここでのシミュレーションの目的は，必ずしも施策実施による効果の精緻な予測を行うことではないことに留意が必要である。これは，精緻な予測を行うためには，シミュレーションの入力値となる外部的な要因も同程度に精緻なものを準備する必要があり，必ずしも容易ではないからである。したがって，ここでのシミュレーションでは，一定の仮定のもとで施策のベンチマークを行うことが目的であり，AIや機械学習等の手法が現象のメカニズムを反映した結果を導出できるものなのかについて十分な検証を行う必要がある。つまり，シミュレーションの具体的な要件は，施策のパラメータに対する感度がよく再現されていることが重要である。検証のシナリオとしては，現況や将来シナリオに対するwith/without分析を行うこととなる。

Cは，課題解決のためのシステム構築，実装に必要なデータ活用である。ここで必要なデータ活用は，課題とその解決手法によって異なる。例えば，解決手段が自動検出や検知，予測であれば，AIや機械学習等の手法がより有効な手段であることも多いと考えられる。

Dは，構築したシステムの検証や，モニタリングが目的となる。システムの効果を検証する施策自体の事後評価とともに，システムが正常動作しているか，運用方法が適合しているかなどの運用の評価の二つの目的がある。施策評価の事後評価では

- 仮説検定等の統計分析
- 因果推論

などにより，その他の外的要因による影響を考慮して施策効果を評価することで，有意な効果が得られているのかを検証することになる。モニタリングでは，システム構築とともに設定したKPIのモニタリングを行うことで，構築したシステムを適切に運用したり，異常等の検知を行うことが目的であり，ダッシュボードによる継続的な可視化や変動に関する自動検出等を行う。

## 4.6　データ活用型プロジェクトのナレッジ管理

データ活用型プロジェクトのナレッジ管理方法に確立されたものはないが，分析の高度化には，データ活用の対象，データの種類，データ活用目的に応じて適用した手法を蓄積し，よりよい適用手法の選択を属人化せずに実施していくことが，データラボの継続的な品質を担保するうえで重要となる。また，プロジェクトの成果報告に基づくナレッジのみを蓄積した場合，成果報告ではうまくいった分析や手法について報告されることが多く，失敗についての知識蓄積が課題となる。特に，新しい分析を実施しようとした場合に，過去の事例がなければ同じ失敗を行う可能性が高く，データサイエンティスト等の分析担当者は新しい手法の考案や改善といったリスクのあるプロセスを実施しにくくなると想定される。成功事例だけでなく失敗事例も含む蓄積を行うことで，継続的な改善を実施することもナレッジ管理の重要な課題となる。このことから，一つ一つのプロジェクトを個別事例としてとらえるのではなく，分析の目的やデータ，手法等に応じた成果の状況をデータベース化していくことが必要となるといえる。

データ活用に必要な専門領域は，2章に示したように，ビジネス，データサイエンス，データエンジニアの領域に分かれる点にも留意する必要がある。これらの専門領域に応じて必要となる観点が異なり，知識を検索するための言葉も異なるためである。例えば，ビジネス領域の担当者であれば，分析を「顧客行動分析」や「立地分析」のような分析対象を検索語として使うことが想定される一方で，データサイエンス領域の担当者では，「パネルデータ」や「k-means 法」など分析のインプットや手法を中心とした検索語を使うことが想定される。このことから，データ活用の目的や対象の観点，インプットデータや分析手法の観点の双方から，検索できる構成とする必要がある。したがって

- 事業・目的・データ・手法の一連の成果単位ではなく，目的と手法などの

各組合せでナレッジを蓄積できること

- 事業・目的・データ・手法など，各観点で検索できること
- ビジネス，データサイエンス，データエンジニアなど各専門性を持ったチームメンバーが各自の専門性の領域を中心について記載できること

がナレッジ管理に用いるデータベースの要件となる。このような要件を満たす管理方法としては，一般的には，Wikiのようなナレッジベースシステムを用いることができる。このような環境では，知識の対象となるドメインの単位で，実施事例のデータ（記事）を作成し，実績のある組み合わせにリンクを作成し，適用事例の成否を記載するような設計となる。

データラボでのナレッジベースの構成例を示したものが**図4.10**である。事業や研究等の対象そのものの性質，これに紐づくデータやその活用目的，手法に分けてカテゴリ化し，さらに必要に応じて，手法の結果表示に適した可視化手法などのデータ活用でよく用いられる詳細カテゴリで構成する。カテゴリごとに記載する項目を定め，比較や選定をしやすくする。例えば，「顧客購買傾向によるセグメント生成」の活用目的で「k-means法」を手法として用いた場合には，活用目的カテゴリの「顧客購買傾向によるセグメント生成」の記事に手法カテゴリの「k-means法」の記事へのリンクと，その逆の「k-means法」の記事から「顧客購買傾向によるセグメント生成」の記事にリンクを生成することで，関連づけを行う。他の手法を用いれば，他の手法へのリンクを生成することで，ある活用目的から複数の手法へのリンクを生成でき，逆にある手法から複数の活用目的へのリンクも生成できる。このように活用実績に応じて各記事相互のリンクを生成することで，各活用目的に適した手法と，各手法が適用可能な活用目的を同時に管理できる。

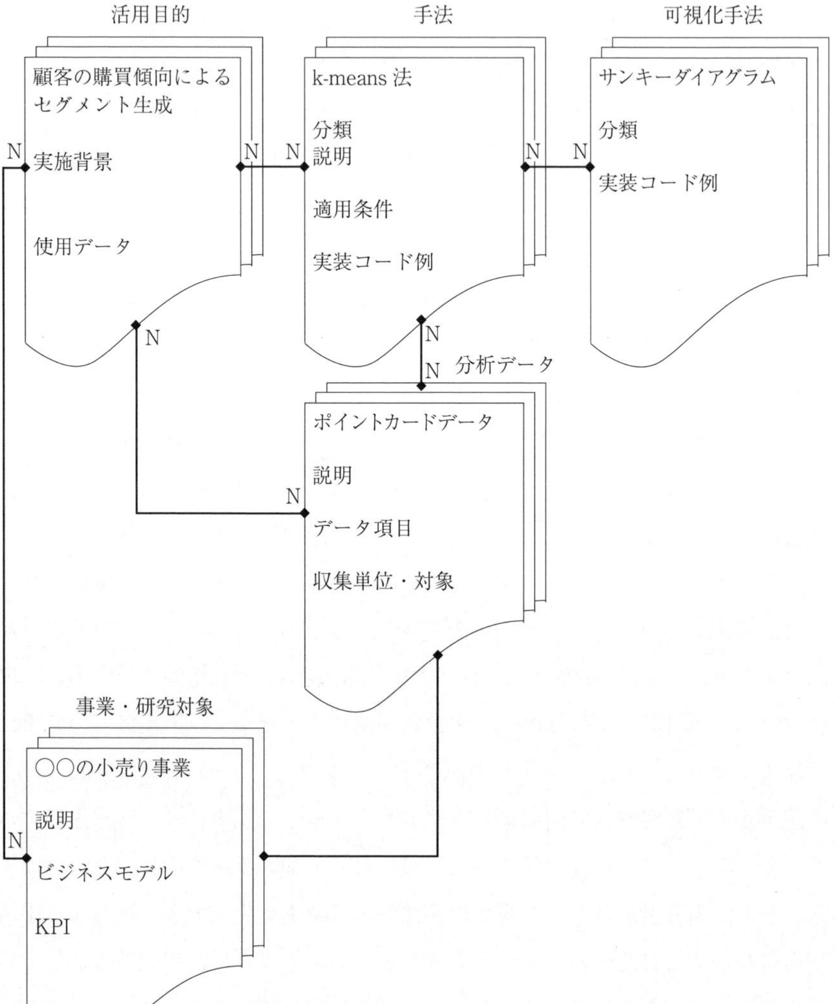


※活用目的・手法・可視化手法などの単位で管理し，
それぞれの関係をリンクで管理

**図 4.10**　ナレッジベースの構成例

# 5章
# データ活用型プロジェクトのマネジメント

データ活用型プロジェクトは，データサイエンティストをはじめとした各種専門性を持ったチームメンバーで構成され，プロジェクト推進者，データラボ，データ提供者などの複数のステークホルダーが参画する場合があることや，前章に示した①現状理解・問題把握，②課題設定，③施策実施・検証の性格の異なる三つのフェーズを遂行する必要がある。このことから，ステークホルダーの構成やフェーズに応じた適切なプロジェクトマネジメントの実施が重要である。適切なマネジメントを怠れば，専門性の異なるメンバー間，ステークホルダー間で多くのコミュニケーションロスが発生し，プロジェクトの遅延や予算超過，スコープの未達成などプロジェクト推進に支障が生じることが想定される。一方で，プロジェクトマネジメントの重要性が高いITプロジェクトの一つであるソフトウェア開発等のシステム開発と比較すると，プロジェクトに関わる人員や工数が少ないことから管理を単純化したり，データ活用の特性により発生するトライアルアンドエラーで進めるべき工程に対応するなどの検討が必要である。

本書では，プロジェクト管理の一般的な内容については基礎的な解説を行い，データ活用型プロジェクトに必要となるポイントに特化して重点的に解説する。なお，プロジェクトマネジメントに関する詳細な知識体系については，プロジェクトマネジメント協会（PMI）のPMBOKガイド[26),28)]にまとめられているので参照されたい。

プロジェクトの初期段階に明確にすべき事項は，プロジェクトの目標，スコープ，各ステークホルダーやロールの責任等であり，いわゆるプロジェクト憲章等に明文化されている必要がある。このうえで，プロジェクト計画策定に必要な，予算，マイルストーン，成果物の範囲（スコープ），スケジュール，コミュニケーション計画，品質管理等の項目を整えたうえで，プロジェクトのキックオフを行う。これらの取り決めのうち，特に管理上重視すべき要素は成果物に関わる要素であり，スケジュール，費用，スコープが相当する。これらの適切な管理のために，コミュニケーション計画や，マイルストーン等の管理が行われる。特に，データ活用型プロジェクトでは，限られた専門的な知識を持つ人的リソースが求められることから，単純な人的リソースの増員による工期短縮等は難しい。このことから，新たな専門知識を必要とした人員の増強を行う場合を除いては，あらかじめ限定された人員の管理とスケジュールの管理のもと，適切な品質のアウトプットを行うことが求められる。そこで本書では，スケジュール管理，スコープ管理に必要な基本的なプロジェクトマネジメントのプロセスとして，進捗管理，課題管理，変更管理と，これを実現するためのコミュニケーション計画について取り扱う。なお，本章では，4章に引き続き，プロジェクト推進者，データラボ，データ提供者をステークホルダーとし，データラボを中心として解説する。

## 5.1　各フェーズでのプロジェクト推進方法

プロジェクトのスコープは，①現状理解・問題把握，②課題設定，③施策実施・検証の各フェーズで異なる。①現状理解・問題把握では

- データの技術的・法的な仕様を確認すること
- データを適切に実装できるようデータの収集過程や活用方法，関連する業務プロセス等を明らかにすること
- 対象そのものやプロジェクト実施上の課題を明らかにすること

が目的となる（**表 5.1**）。これらを実施するために，プロジェクトの実施以前の過去の経緯等を理解したうえで，ビジネスモデル等のプロジェクトの対象を適切に理解することが重要である。このことを実現するためには，反復したコ

表 5.1　プロジェクトの推進フェーズと推進方法

| 項　目 | ①現状理解・問題把握 | ②課題設定 | ③施策実施・検証 |
|---|---|---|---|
| スコープ | データの技術的・法的な仕様を確認する。<br>データを適切に実装できるようデータの収集過程や現状の活用方法，関連する業務プロセス等を明らかにする。<br>対象そのものやプロジェクト実施上の問題を明らかにする。 | 解決すべき課題の優先順位とデータ活用によって改善が図れる課題を突き合わせることで，課題解決の優先順位を定める。<br>実行フェーズに必要となるKPIや事業全体で見た場合の費用対効果の見込みを明らかにする。<br>施策のシステム的・業務的な観点での要求事項を抽出し，施策を提案する。 | 施策の具体的な設計を実施する。<br>PoC等の施策を実行する。<br>施策の評価・検証を行う。 |
| コミュニケーション | プロジェクトのスコープの変更等も想定した反復したコミュニケーション | プロジェクトのスコープの変更等も想定した反復したコミュニケーション | 施策の実施に向けた計画的なコミュニケーション |
| スコープ変更の可能性 | 対象となるデータの範囲やステークホルダーの範囲もコミュニケーションの過程で変更になる可能性がある。 | ①の現状理解・問題把握の状況次第で，提案できる施策のレベルも左右されることになり，必要に応じて再調査が必要となる。<br>課題解決の具体策の提案を行う過程で，課題の具体性が増し，一層の現状理解につながることで，提案対象や内容の変更があり得る。 | 検証等を含め②での課題解決の仮説が正しいか検証することに主眼をおいており，実験そのもののスコープが②での課題設定以降に変更することは望ましくない。<br>実環境での実施を想定することから，スケジュール等の大幅な変更が難しい。 |
| プロジェクト管理手順 | アジャイル的なプロジェクト推進方法 | アジャイル的なプロジェクト推進方法 | ウォーターフォール型のプロジェクト推進方法 |

ミュニケーションが前提となり，コミュニケーションの過程では，プロジェクトの対象となるデータの範囲やステークホルダーの範囲，プロジェクト当初に期待したアウトプット等も変更になる可能性がある。

このような，プロジェクト推進過程では，当初に定めた仕様通りの動きをすることを前提としたウォーターフォール型のプロジェクト推進方法はとりにくく，結果に応じて手法やプロセスの変更を前提としたアジャイル的なプロジェクト推進方法をとることが望ましいと考えられる。

①現状理解・問題把握フェーズの目的が達成されたと判断できた場合は，あらかじめ取り決めたフェーズ移行判定を実施し，②課題設定フェーズに移行する。②課題設定フェーズでは

- 解決すべき課題の優先順位とデータ活用によって改善が図れる課題を突き合わせることで，課題解決の優先順位を定める
- 実行フェーズに必要となるKPIや事業全体で見た場合の費用対効果の見込みを明らかにする
- 施策のシステム的・業務的な観点での要求事項を抽出し，施策を提案する

ことが目的となる。①の現状理解・問題把握の状況次第で提案できる施策のレベルも左右されることになり，必要に応じて，現状理解・問題把握に関する再調査が必要となることもある。また，課題解決の具体策の提案を行う過程で課題の具体性が増し，一層の現状理解につながることで，提案対象や内容の変更も想定される。また，解決策に対する評価結果によっては，提案内容を見直す必要が生じることもあり，①と同様，手法やプロセスを変更することを前提としたアジャイル的なプロジェクト推進方法をとることが望ましい。

②課題設定フェーズの目的が達成され，具体的な課題とその解決のための方法が提示されれば，③施策実施・検証フェーズに移行する。③では，施策の具体的な設計を行ったうえでPoCを実施し，解決策の評価・検証を行い，このうえで本格的な施策実施に移すことが望ましい。一方で，プロジェクトの対象によっては，PoCの実施できない対象であることもあり，この場合には②のフェーズで十分な施策案の検討と検証を厳密に行ったうえで，③のフェーズに移行し，施策実施を行うことが求められる。

③でPoCを実施する場合には，モニター調査や簡易なシステム環境を用いて，施策の一部の要素について模擬実施してみるなど，実環境での実施を前提としており，一定のシステム開発等も含まれる。システム開発が含まれる場合は，システムの要求や諸条件をまとめたRFP（request for proposal）を発行

してシステムベンダー等から提案書の提示を受ける必要があることもある。この場合には，③への移行判定には，RFPの内容を含む必要がある。

③のプロジェクトの進行では，検証等を含め②での課題解決の仮説が正しいか検証することに主眼をおいており，施策や検証のスコープが②での課題設定以降に変更することは望ましくない。また，実環境での実施を想定することから，スケジュール等の大幅な変更が難しいこともある。このことから，当初のスコープと要件に従って確実に実施することが重視されることから，ウォーターフォール型のプロジェクト推進方法をとることが望まれるだろう。ただし，施策実施等のためのアプリケーション開発など，本プロジェクトから派生するサブプロジェクトの管理については，対象のプロジェクトの特性に応じた管理手法を行う必要がある。

## 5.2 ウォーターフォール型プロジェクトの管理の基礎

前節に示したように，データ活用型プロジェクトでは，アジャイル型のプロジェクト管理が必要となるフェーズが中心となる。一方で，アジャイル型のプロジェクト管理であってもウォーターフォール型プロジェクトの管理の手順を基礎とする点も多いことから，本節では③施策実施・検証フェーズで必要となるウォーターフォール型プロジェクトの管理方法についてまとめたのちに，アジャイル型のプロジェクト管理の解説を行う。

ウォーターフォール型プロジェクトの管理では，プロジェクトの目標，スコープ，ステークホルダーやプロジェクトメンバーおよびメンバーのロールが定まれば，プロジェクトマネージャーが中心となって，プロジェクト計画書を作成する。この計画書では，スコープを達成するために必要な手順を記載した**WBS**（work breakdown structure）を作成したうえで，チームおよびそのメンバーが担当する部分を割り当て，具体的な期限を記載したスケジュールを作成することが必要である。なお，WBSやマイルストーンを示したスケジュール等のタイムラインは，プロジェクトのキックオフでステークホルダー間の合意を得るべきものであり，ステークホルダー間で進捗に対する共通認識を持つうえでも重要なレファレンスとなる資料である。

プロジェクトの推進には，ステークホルダー間のコミュニケーション計画と進捗管理，課題管理，変更管理の3点が特に重要となる。**進捗管理**は，スケジュールに沿ってメンバーがタスクに着手し完了しているか，遅延が発生している場合はその原因が何かを明らかにし，プロジェクト推進時の現在地を把握することが目的となる。**課題管理**は，進捗の遅れや当初の想定にはない工程の発生などWBSやスコープの変更の可能性がある事項を管理するものである。**変更管理**は，発生した課題のうち，当初のスコープの達成に影響があるもの（金額，工期，工数，成果内容等）について管理するものであり，プロジェクトオーナーあるいはステアリングコミッティレベルでの意思決定・承認が必要

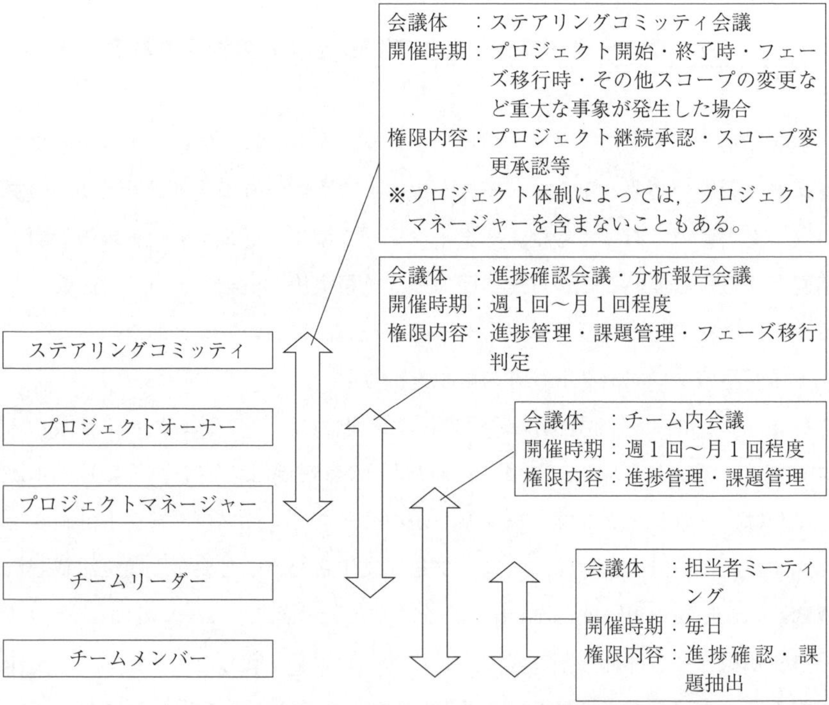


**図 5.1**　ロール間のコミュニケーション

なものについて，その変更内容を管理するものである。

上記のようなプロジェクト管理に必要なコミュニケーション計画は，図 5.1 の例が想定される。この図では，日々のタスクの管理や課題解決を行う**担当者ミーティング**が最小単位の会議であり，日々，チームごとに実施するものとなっている。週次程度の頻度では，チーム内での進捗・課題を管理する**チーム内会議**およびプロジェクト推進者とデータラボ等のチーム間のコミュニケーションや進捗管理，課題の解決方法の承認等を行う**進捗確認会議**および**分析報告会議**等の実施が想定される。最も上位の会議体である**ステアリングコミッティ会議**は，プロジェクトの継続や中止，スコープや予算の変更を管理するための会議体であり，これらの意思決定が行えるメンバーと意思決定の対象に対する説明者が参加する。ステアリングコミッティ会議の開催は，フェーズ移行時等プロジェクト期間中に数回程度の開催が想定される。

### 5.2.1 進捗管理

ウォーターフォール型のプロジェクトの進捗管理では，WBS として最終的な成果物に至るまでの各段階の成果物を定義し，リスト化して書きだしたものを作成する必要がある。このうえで，スケジュールを作成する。一般的に WBS とスケジュールを管理するツールとして，**進捗管理表**が用いられる。進捗管理表で管理すべき項目は

- タスク名
- タスクの説明
- 担当者
- 開始予定日
- 完了予定日
- 開始日
- 完了日
- ステータス

等である。タスクの担当者，実施期間を明確にすることで，そのタスクの実

| プロジェクト名 | ○○プロジェクト |
|---|---|
| 作成日 | 2022/12/10 |
| 更新日 | 2022/12/15 |
| プロジェクト開始日 | 2022/12/20 |
| プロジェクト終了日 | 2023/4/10 |
| 確認日 | 2023/12/15 |

| 親タスク | 子タスク | 担当者 | 開始予定日 | 完了予定日 | 開始日 | 完了日 | ステータス |
|---|---|---|---|---|---|---|---|
| データ取り込み | 仕様確認 | ○○ | 12/10 | 12/13 | 12/10 | 12/14 | 完了 |
| | スクリプト設計・作成 | ○○ | 12/13 | 12/15 | 12/14 | | 遅延 |
| | 取り込み実行 | △△ | 12/15 | 12/15 | | | |
| 分析 | データの検査 | △△ | 12/16 | 12/18 | | | |

**図 5.2**　進捗管理表の例

施状況を定量的に評価できるようになる。また，ステータスには，「実施前」，「実施中」，「承認待ち」，「完了」などのタスクの実施状況を記載し，日々，担当者が更新する。管理表の構成例は，**図 5.2** のようになる。

進捗管理表の記載の要件は，コミュニケーション計画に沿って週単位等で行われる進捗確認会議等で，進捗状況についてステークホルダー間で共有できること，課題の発生を検知できることである。特に，**クリティカルパス**（遅延が発生すると後のタスクの開始時期に影響を与えるタスク）での遅延など，人的リソースの割り当てや全体のスケジュールに変更が生じるものについては，より注意深く管理を行う必要がある。

WBS および進捗管理表の作成方法は，各タスクについて，階層的に記載し，ステアリングコミッティレベルで把握しているスケジュール，プロジェクトオーナーで把握しているスケジュール，各チームメンバーレベルで把握が必要なスケジュールなどの単位で，一貫して記述されている必要がある。各階層の子要素をすべて足し合わせると親要素と等しくなることが必須要件となる。これは，**100 パーセント・ルール**と呼ばれる [28]。また，WBS に定義されるタスクの最小単位は，日次の担当者ミーティングでの管理単位となることから，日々具体的な進捗を把握できることが好ましい。このため，1～数日程度の工数単位を目安にそのタスクで得られる成果物の重要度や難易度に応じて，細分化して記述する。進捗管理表上のそれぞれのタスクが満たすべき条件は

- 開始時期，終了時期が明確になっている
- 担当者が明確になっている
- 得られる成果が明確になっている

ことである。

### 5.2.2 課題管理

課題管理は，WBS に記載がある成果物を得るための手順で計画時に織り込んでいなかった差分を管理するものである。課題の内容，終了条件を明確にしたうえで起票してリスト化し，対応期限内にタスクを明確化し実行することで課題を終了するというプロセスを実行する。

**課題管理表**（**管理ログ**とも呼ばれる [28)]）で管理すべき項目は

- 課題内容
- 課題認知日
- 担当者
- 対応期限
- 対応方法・完了条件
- 完了日
- ステータス

等である。課題管理表の例は，**図 5.3** である。

課題管理のプロセスは，何らかの問題が明らかになった時点で，その内容を記述するところから始まる。記載された問題について，プロジェクトマネージャーが中心となって，問題に関連するプロジェクトメンバーとともに，問題を分析したうえで，対応方法と期限，完了条件を設定する。また，当初のスコープの達成や金額，工期，工数，成果内容等に影響する可能性がある問題に

| 課題内容 | 担当者 | 課題<br>認知日 | 対応期限 | 対応方法・完了条件 | 完了日 | ステータス |
|---|---|---|---|---|---|---|
| 実データと<br>仕様書の相違 | ○○ | 11/20 | 12/10 | △△担当者に確認 | 12/14 | 完了 |
| プログラム<br>ライセンス切れ | ○○ | 12/10 | 12/13 | ライセンス購入 | | 未着手 |
| | | | | | | |
| | | | | | | |

**図 5.3**　課題管理表の例

ついては，プロジェクトオーナーとも対応方法の確認と合意を行う必要がある。また，当初のスコープに対して変更が生じる場合は変更管理の対象となる。

一度，対応方法と完了条件が決められた課題については，進捗管理と同様に管理し，対応期限までに対応する。また，課題の対応中に新たな課題が発生した場合は，課題リストに追加する。

### 5.2.3　変更管理

変更管理は，WBS や最終的な成果物のスコープ自体に対する変更を管理するものである。上記の課題の発生により，プロジェクト期間内に解決の見込みがない場合やスケジュールに大きな遅れを伴う場合には，取り組み内容，期間，成果物の変更の必要が生じる。このようなスコープの変更は，プロジェクトオーナーをはじめとしたステークホルダー間の合意が必要である。プロジェクトの規模によってはあらかじめ**変更管理委員会**などの変更を管理・承認する会議体を設置する場合もある。変更の内容を設定したうえで，変更の影響調査を行い，金額，工期，工程，工数，成果内容等への影響を明らかにしたうえで，必要な承認を得て，WBS やスケジュール等を変更するという手順となる。また，例えばプロジェクトの一部の取りやめなど，変更の規模が当初に設定したスコープにも影響する場合には，ステアリングコミッティでの承認が必要になることもある。

## 5.3　アジャイル型プロジェクトの管理の基礎

ウォーターフォール型のプロジェクトは，プロジェクトの上流工程から下流工程の順にプロジェクトを実施する手法である。基本的なプロジェクト推進方法として，下流工程から上流工程に戻ることは想定していない。ソフトウェア開発の例では，要件定義，設計，開発，試験のライフサイクルを順に実施し，フェーズの終了ごとにフェーズ移行の判定を行い，次工程に進む。各工程の進行についても初期に作成した計画であるWBSやスケジュールに従って進行する。例えば，一度，設計工程を開始すると新たな機能の追加などの要件の変更は原則認められず，影響範囲の調査等の変更管理のプロセスを経て，変更が認められる。WBSを当初から確度を高く構成し，また各フェーズで次工程に必要な成果物を確度高く得られる場合に，効率的に実施できる方法である。

プロジェクトの対象によっては，該当のフェーズのタスクを行ってはじめて，上流工程での課題が明らかになるような不確実性が高いものもある。このようなプロジェクトでウォーターフォール型のプロジェクト推進方法をとると，課題管理・変更管理が煩雑になり，管理のための作業が増えることでプロジェクトの効率性が低下する懸念がある。さらに，各フェーズが終了した時点で承認した内容が次フェーズで覆るなど，プロジェクト管理の根幹を揺るがしかねず，変更後のスコープや，スケジュールが当初の想定から大きくずれるリスクもある。このようなプロジェクトでは，アジャイル的な思考が求められる。これは，ソフトウェア開発の分野で，開発チームが主導して，短期間に区切った工程を実施してトライアルアンドエラーで開発を行い，開発の「計画」ではなく「目的」を達成しようとする枠組みとして生まれたものである。**アジャイルソフトウェア開発宣言**[29]（図5.4）には，この枠組みが宣言として示されているとともに，この宣言の背景にある原則が宣言とは別にまとめられている。

アジャイルソフトウェア開発宣言

私たちは，ソフトウェア開発の実践
あるいは実践を手助けをする活動を通じて，
よりよい開発方法を見つけだそうとしている。
この活動を通して，私たちは以下の価値に至った。

プロセスやツールよりも個人と対話を，
包括的なドキュメントよりも動くソフトウェアを，
契約交渉よりも顧客との協調を，
計画に従うことよりも変化への対応を，

価値とする。すなわち，左記のことがらに価値があることを
認めながらも，私たちは右記のことがらにより価値をおく。

Kent Beck
Mike Beedle
Arie van Bennekum
Alistair Cockburn
Ward Cunningham
Martin Fowler
James Grenning
Jim Highsmith
Andrew Hunt
Ron Jeffries
Jon Kern
Brian Marick
Robert C. Martin
Steve Mellor
Ken Schwaber
Jeff Sutherland
Dave Thomas

© 2001, 上記の著者たち
この宣言は，この注意書きも含めた形で全文を含めることを条件に
自由にコピーしてよい。
https://agilemanifesto.org/iso/ja/manifesto.html

**図 5.4**　アジャイルソフトウェア開発宣言[29)]

つまり，**アジャイル思考**によるプロジェクト管理とは，当初からすべてのタスクや要件を固定できないことを前提として，目的の達成のためにタスクや要件を順次更新しながらプロジェクトを推進する方法である。プロジェクト内容の更新を許容するのであって，行き当たりばったりでプロジェクトを推進するわけではない。アジャイル型のプロジェクト推進を達成するには，変更等の判断・承認をチームリーダーやチームメンバーへ移行し，短期間での検証とフィードバックを行うなど，ステークホルダー間の密なコミュニケーションを前提としている。このことを実現するためには，チームメンバーレベルでの高い技術力と専門性，コミュニケーション能力およびこれらを前提とした判断力も要求される点には留意が必要である。

アジャイルソフトウェア開発の具体的な手法には，スクラム（Scrum）[30]やカンバン[31]などの手法が採用されることが多い。本書は，ソフトウェア開発を対象とするわけではないのでこれらの詳細を取り扱うことはしないが，ウォーターフォール型のプロジェクトとの基本的な進め方の違い（**図 5.5**，**図 5.6**）について説明する。

アジャイル型のプロジェクトであっても，プロジェクトの目標，スコープ，

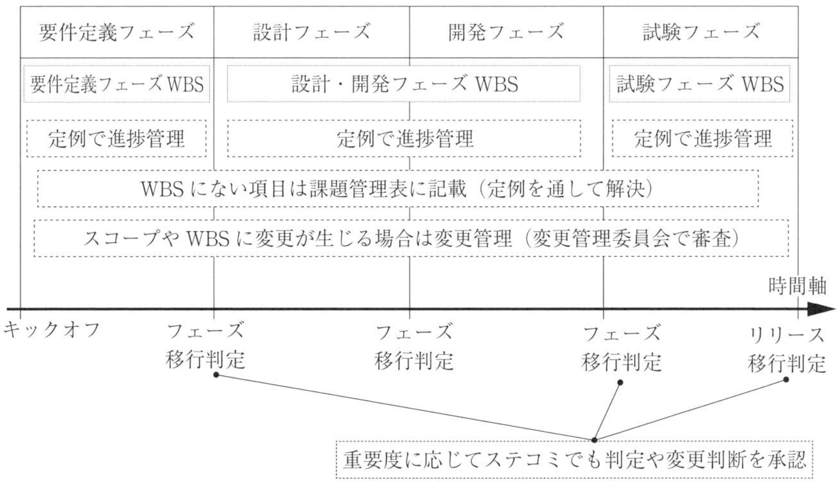


**図 5.5**　ウォーターフォール型のプロジェクト推進例

**図 5.6**　アジャイル型のプロジェクト推進例

ステークホルダーやチームメンバーおよびロールが定まれば，プロジェクトマネージャーが中心となって，スコープを達成するための手順を作成する点はウォーターフォール型のプロジェクト管理と同様である。アジャイル型のプロジェクトでも，ウォーターフォール型のプロジェクトの WBS に相当する**バックログ**を作成し，プロジェクト計画を作成する点も変わりない。一方で，バックログに記載されるタスクの粒度は，プロジェクトの段階によって変化するとともに，変更等の承認プロセスが異なる。プロジェクトの初期で作成するバックログは，**プロダクトバックログ**と呼ばれ，マイルストーンや担当チーム，プロジェクトの全体に関わるスケジュール等を記載した内容となり，全体的な進捗管理を行うものとなる。詳細なタスクを記載したバックログは，一定の期間やマイルストーンへの到達などのプロジェクトのあらかじめ定めた進捗をトリガーとして，詳細化や更新を行う。

アジャイル型のプロジェクト管理でも，進捗管理，課題管理，変更管理が重要な管理対象となる点はウォーターフォール型のプロジェクトと同様であるが，コミュニケーション計画や管理を実施するロールが異なる。アジャイル型のプロジェクトのコミュニケーション計画では，プロジェクトを 1 ヵ月以内の短い期間で区切った**スプリント**，スプリントを区切った**イタレーション**，日々の**デイリー**等で実施される会議を単位としてプロジェクトを管理する。実施周期やそれぞれの会議に出席すべきロールそのものは，ウォーターフォール型のプロジェクト推進方法と大きく変わるものではないが，それぞれの会議の狙いや決定事項等が異なる点に留意する必要がある。スプリントごとの会議ではプロジェクトオーナーとプロジェクトマネージャーのコミュニケーションを中心とし，次のスプリントでの成果物の定義，進捗管理，課題管理，軽微な変更管理を行う定例会を行う。この際，プロダクトバックログ，前スプリントでの残課題を確認し，プロジェクト全体でのスコープ，成果物，バックログへの影響を評価し，次期スプリントの計画に向けたバックログの変更等を行いスコープの管理を実施する。定例会後には，プロジェクトマネージャー，チームリーダーが中心となり，スプリントごとに，該当期間のバックログの詳細化を行った**スプリントバックログ**を作成する。バックログに記載されているタスク項目は，「**チケット**」として書き出して管理する。なお，チケットに記載する事項は

- 担当者
- タスク名
- 期限
- 対応内容
- ステータス

などであり，進捗管理表や課題管理表と同様に，担当者や期限，ステータスが重要な項目となる。進捗管理や課題管理に必要な項目を書き出したタスク項目であり，表計算ソフトやプロジェクト管理ソフトウェアで管理する。

イタレーションでは，チームリーダーが中心となってチーム内でのミーティングを実施し，スプリントバックログの見直しとチケットの整理（または課題管理表への起票）を行うことで，進捗管理や課題管理を行う。

デイリーでは，短時間で各メンバーのチケットに課題がないかを確認し，課題がある場合には，新たなチケットを発行し課題に対するタスクを記載する。

変更管理については，スプリントバックログの変更はプロジェクトオーナーの了承を必要とせず，スプリントの終了ごとのバックログの更新時にプロジェクトオーナーが了承することが多い。ウォーターフォール型のプロジェクトと比べると，変更に対する権限はチームメンバー側に移譲されており，チームリーダーやチームメンバーでの判断の的確さが問われることになる。

アジャイル型のプロジェクト管理での進捗管理や課題管理でも，ウォーターフォール型のプロジェクトでの管理表の形式を流用したバックログや課題管理表を用いることができる。プロジェクト管理用のソフトウェアを使用する場合には，チケットを管理することでバックログの起票や，課題管理表の作成ができるものもあり，進捗管理と課題管理のインタフェースを共通化することができることも多い。

## 5.4　データラボの運営

データラボは，データサイエンティスト，データエンジニア，ビジネスアーキテクトといった専門性が高いメンバーが連携して運営する点，専門性を活かし複数のプロジェクトを兼務する点，アジャイル型でのプロジェクト管理が中心になる点などを想定した運営が必要である。プロジェクト管理は，前節で示したように，チケットなどの管理票だけでなく，ミーティングでのコミュニケーションの役割が大きい。ラボ内でのプロジェクト進行を円滑に進行するには，日々行うデイリースタンディングと，週次などイタレーションで行うイタレーションミーティング，プロジェクトオーナーとの定例で行うスプリントミーティングなど，目的の異なるミーティングを意識的に区別して実施することが重要である。

### 5.4.1　デイリースタンディング

**デイリースタンディング**で達成されるべきことは，その日の出来高を確認することではなく，チームやプロジェクトが抱えている課題や今後の見通しを可視化し，モニタリングすることにある。このことから，業務に対して負荷にならない程度の時間（長くて 15 分程度）のもと，口頭での報告と，インフォーマルな会話で構成し，心理的安全性が担保される運営も求められる。

- どのチケットを実施しているか
- チケット実施時に発生した課題や悩みごとはあるか
- 課題を解決できる見通しがたったか

をチームメンバー，チームリーダーが中心に相互確認する。

### 5.4.2 イタレーションミーティング

デイリースタンディングでモニタリングしてきた内容に基づいて，イタレーション内で解決しなかった課題解決方法の再検討や，成果物に向けたバックログの修正等を行う。具体的な確認事項は

- 各チケットの処理状況
- 課題の発生状況とスケジュールへの影響
- 遅延している課題については課題処理方針の再確認

であり，プロジェクトマネージャーとチームリーダー，チームメンバーで相互確認したうえで，他のチームと調整が必要な課題などはプロジェクトマネージャーが率先して調整を実施する。

### 5.4.3 スプリントレビュー

**スプリントレビュー**は，チームとプロジェクトオーナーとの間でスコープの定義や認識の食い違いを発生させず，プロジェクトのゴール，分析目的の達成に向かっていることを確認することが目的である。

- 成果物の確認
- プロジェクト達成に向けた全体の進捗状況確認
- 遅延や解決が難しい課題の取り扱い
- 上記に伴うスコープ変更
- 次のスプリントのゴール，成果予定物の確認，要件の明文化

等をプロジェクトオーナーの参加のもと，プロジェクトマネージャー，関連するプロセスのチームリーダー，必要に応じてチームメンバーが参加して実施する。特にデータ活用型プロジェクトでは，プロジェクトの進捗や課題だけでなく，成果物の内容の確認も重要である。成果物がデータ分析等の結果を含む場合には，プロジェクトオーナーが適切に専門的な内容を理解できるように伝えることが求められる。専門性が高い分析が成果となる場合には，成果の理解に必要な知識の解説等も必要となる。中間段階の成果について，ディスカッションを行うことで，知識の共通化やスコープ設定時に想定していなかった課題の

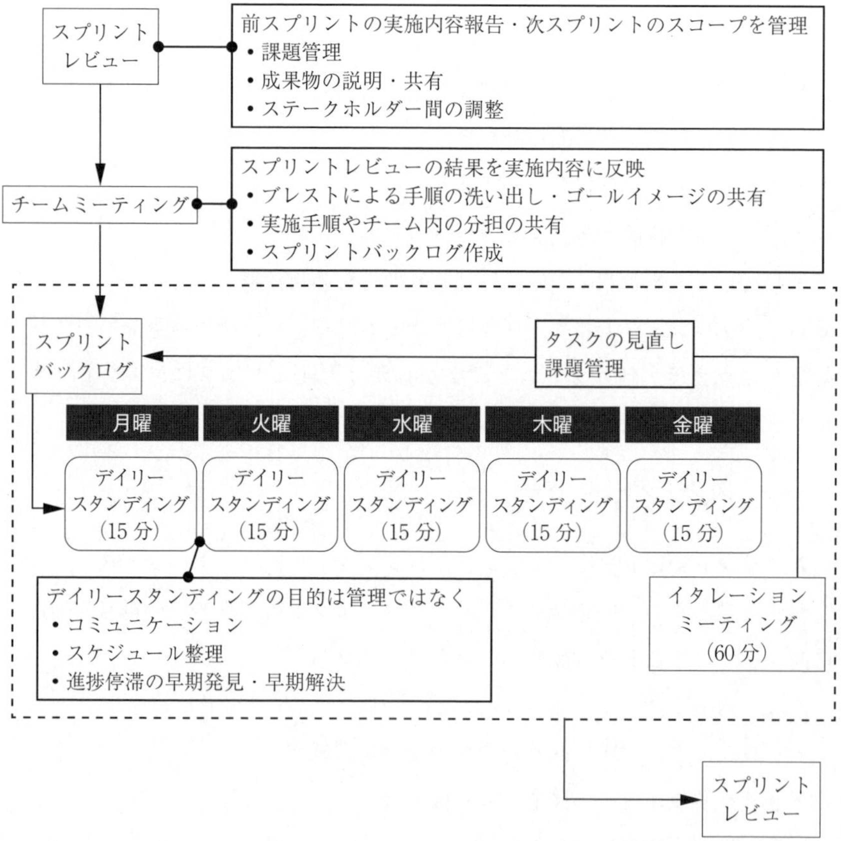


**図 5.7**　データラボ運営のためのミーティングの流れ

認識等も生まれることがあり，その後のプロジェクトのスコープ等にも影響し得ることから，スプリントレビューでの成果のすり合わせは，プロジェクトの推進上，最も重要なプロセスの一つである。

上記の一連のミーティングの流れを記載したものが**図 5.7** である。

定例会後には，その会で議論した成果予定物の作成に至るまでに必要な分析観点，分析手法，リソースやレポーティングに含むべき内容に関して，チームミーティングでブレインストーミング（ブレスト）等を実施する。分析・レポーティング担当者は，ブレストで得られた内容を整理して，期間内に実施する内容をバックログとして作成する。日々のデイリーミーティングでは，取り組み中の内容，発生した課題等についてコミュニケーションをとり，複数人で課題を共有し，解決策の糸口をつかむ。イタレーションごとに行う週次ミーティングでバックログの見直しを行う。

## 5.5 現状理解・問題把握フェーズの進行例

現状理解・問題把握フェーズは，データが対象としている事象やデータ仕様のヒアリング，データの入手・実装，データの検証，対象の事業の理解を通じて，データ分析の対象にある課題を明らかにする。このフェーズで想定しているステークホルダーは，プロジェクト推進者，データラボ，データ提供者である。

### 5.5.1 プロジェクトのキックオフと進行手順

現状理解・問題把握フェーズは，契約等を終えたのち**キックオフミーティング**を行い，データ仕様のヒアリング，データの受け渡し，データ実装と基礎分析を経て，プロジェクト推進者に対する課題のヒアリングに進み，分析の深掘りと課題ヒアリングの反復を行う（**図 5.8**）。

本フェーズは，分析対象となるデータの収集フローや仕様，データの検証結果，分析対象の基礎集計や基礎的な特性の分析結果，事業の抱える問題点や改

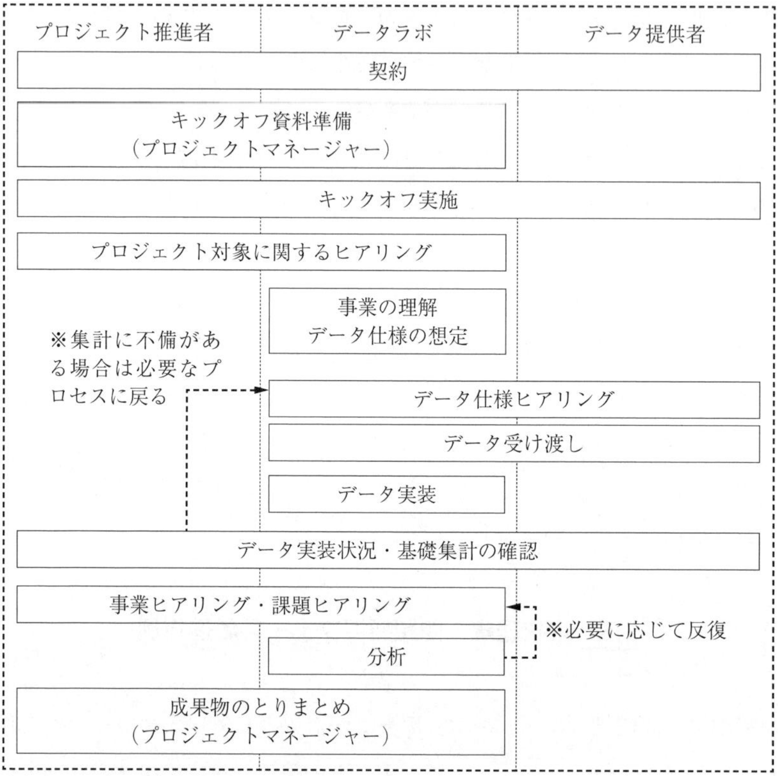


**図 5.8**　現状理解・問題把握フェーズのフロー

善すべき課題に関するリストを得ることで終結となる。このフェーズでは，当初の仕様の充実状況やデータ構造の複雑さ，データ提供者側のデータエンジニアリングに関連するスキル，プロジェクト推進者のデータ分析に関するリテラシーのレベルに応じて，実装にかかる期間や課題ヒアリングの反復回数に不確実性を生じさせる。キックオフミーティングでは，プロジェクトの目的，対象，メンバーのロール，スケジュール，プロジェクトバックログ，成果物とプロジェクトの終了条件を明記する必要がある。

キックオフミーティングの資料で記載すべき項目は

①　プロジェクト / フェーズのスコープ

②　プロジェクト / フェーズの実施方針

③　スケジュール・マイルストーン

④　体制・会議体

⑤　プロジェクト管理方法・ルール

⑥　コミュニケーションツール

⑦　成果物

⑧　変更管理のルール

⑨　プロジェクトのリスク

などがある。

①「プロジェクト / フェーズの**スコープ**」では，キックオフ時点でのプロジェクト全体での目的や施策の対象範囲，対象のデータ等を記載したうえで，現状理解・問題把握フェーズの目的や対象データ等を記載する。特に，目的には，プロジェクト終了後に達成可能なあるべき状態を定義することが重要である。また，目的に記載した事項が達成できない場合は，スコープ変更などの変更管理のプロセスが必要になり，ステアリングコミッティ等も含めたプロジェクトオーナーの同意が必要である。また，頻繁なスコープ変更は，ステアリングコミッティやプロジェクトオーナーとの信頼関係にも影響し得るため，プロジェクトの人員，予算，利用可能データ等に見合った適切な目的の設定が求められる。

②「プロジェクト / フェーズの**実施方針**」では，プロジェクト全体やフェーズ内でのプロジェクト管理や進行に関して，特に重点的な目標を記載する。例えば，過去に取り組んだ同様のプロジェクトで課題管理に問題があった場合には，「本プロジェクトでは，課題管理を重点的に行いプロジェクトの進捗・スコープに関わる事象には，迅速かつ的確に対応する」など，特に共通認識が必要な重点項目を挙げたうえで，必要な具体策を「プロジェクト管理方法・ルール」，「体制」，「コミュニケーションツール」等の項目に記載する。方針に示した事項は，必ず実行することが求められるため，具体策とともに実行可能な方針を提示することが求められる。

③「スケジュール・**マイルストーン**」には，一定の時期に得られているべき

成果を記載したマイルストーンと，各マイルストーンに至るまでのプロセスおよび時期を記載する。また，スケジュールやマイルストーンはWBSとも整合しており，マイルストーンの達成を判定する基準や，次フェーズに移行する際に満たすべき基準等も明記する必要がある。

④「**体制・会議体**」では，ステークホルダーやロール，会議体を定義する。体制については，プロジェクトに関わるステークホルダーおよびメンバーを記載したうえで，各ステークホルダーの組織体の説明やロールの定義，メンバーに割りあてられたロールを明確化する必要がある。会議体は，ステアリングコミッティや進捗会議などの会議体の位置づけや実施タイミング，標準的な議題，参加を想定しているロールを明記する。

⑤「**プロジェクト管理方法・ルール**」では，進捗管理，課題管理，変更管理等について，どのような管理表を用いて管理するかを記載するほか，管理表に対してのアクセス権限や承認の方法等を記載する。また，資料共有，資料保管の方法や，成果物確認，フェーズ移行の承認方法などを記載し，プロジェクトメンバーにプロジェクトの進行方法を周知できるようにする。

⑥「**コミュニケーションツール**」では，プロジェクトに関連するやり取りについて，どのようなツールを用いて実施するかを明記する。近年では，メールや表計算ソフトだけでなく，チャットツールやプロジェクト管理ツール等も数多くあり，それらのツールの使い分けが必要である。プロジェクトの進捗や課題などの管理では，プロジェクト管理ツールを使用することが管理の効率化のうえでは推奨される。一方で，内容の詳細な確認や庶務的な内容，緊急時のやり取りについては，チャットツールや電話など，目的に応じて適切な方法をあらかじめ指定しておくことが望ましい。

⑦「**成果物**」では，データ仕様書，データ分析レポート，実施内容報告書等，フェーズの終了時にステアリングコミッティおよびプロジェクトオーナーに提出する資料を定義する。

⑧「**変更管理のルール**」では，スコープ等の変更管理を実施する対象や変更を承認するプロジェクトメンバー，変更を実施する際の手順について明記す

る。

⑨「**プロジェクトのリスク**」では，スコープやスケジュール，費用等の変更の要因となり得る事象を明記し，これらを最小限にとどめるための対応策を記載する。特に，データ活用型プロジェクトでは，ヒアリングプロセスでのプロジェクトに関連する情報の取得状況と，データの品質やプロジェクトのスコープとデータ分析等の結果とのギャップが，想定していたスコープでの実施可否やスケジュールに影響を与えることが想定される。また，データ分析等を通じてプロジェクトの対象が明確化するにつれて，データ活用に必要な専門分野が具体化し，新たな専門分野のメンバーを補充する必要がでてくることもある。

キックオフ資料のチェックリストの項目は以下の通りである。

- 目的は，人員，スケジュール，費用を鑑みたうえで論理的に達成可能な内容か
- 方針に記載された内容は，プロジェクトの推進方法に反映され，その方法は実行可能であるか
- その時点での成果物やプロジェクトの状態が，マイルストーンに明確に記載されているか。形骸化した数値目標のみが記載されていないか
- スケジュールは，人員やタスク内容，各ステークホルダーの実情を調査し，合意を得て作成されたものか
- フェーズの終了条件が明記されているか
- スケジュールには，プロジェクト推進者の組織内での意思決定や手続きに必要な期間を含んでいるか
- 各人員のロールは明確か。組織内の役職等に引きずられて形骸化していないか
- ステークホルダーの責任は明確に記載されているか
- プロジェクト管理方法として，ウォーターフォール型やアジャイル型等の方法や手順が記載されているか
- 進捗管理，課題管理，変更管理，資料共有，資料保管，成果物確認，フェーズ移行等はどのような方法で行うか明確に記載され，プロジェクト

メンバー全員が把握できる状態にあるか

- 会議体が定義され，各会議体で取り扱うべき内容，参加者が整理されているか
- 成果物が定義され，それぞれに対する要求が記載されているか
- プロジェクトのリスクは明確に記載されているか
- データ提供者からのデータ仕様開示や，プロジェクト推進者からのデータ活用の対象に関する情報提供内容の不足や遅延が，プロジェクトの進捗やデータ活用の品質に影響する可能性があることが明記されているか
- データの品質の確認やデータ分析等の結果によりスコープやスケジュール，メンバーの変更，プロジェクトの中止があり得ることが明記されているか

### 5.5.2　データの仕様確認と入手・実装，分析の実施

データの仕様確認では，どのようなデータが分析の対象となるのかを見極めるため，データカタログを作成する必要がある。データカタログとは，データセットごとにデータの種類，名称，取得方法，データ量等を記載したものである。

データの種類は，階層的に分類でき，大きな分類としては，画像などの非構造化データ，リレーショナルデータベースなどの構造化データに分かれる。非構造化データは，画像や動画，音声などであり，分類やフォーマット，収集方法，データ数，メタ情報の格納方法やメタ情報との関連づけ方法（例えばファイルの命名規則）などの情報を取得しておく必要がある。

構造化データの場合は，リレーショナルデータベースやドキュメント型データベースなどデータベースの形式や，csv や JSON などのフォーマット，ファイル構成やテーブル構成，マスターデータの有無，項目リスト，項目ごとのフォーマットや収集方法，データ量，データの収集期間などが必要な情報として挙げられる。また，オリジナルのデータなのか何らかの加工がなされたデータなのか，また加工済みの場合にはどのような加工が行われたデータなのか，

その加工による使用上の注意があるのかなども重要な情報である。また，情報の更新頻度，過去データの有無，データ件数，データ受け渡し方法なども取得が必要な項目となる。例えば，購買データの場合，顧客の居住地などの属性データも分析に重要なデータとなる。しかし，連絡手段の業務目的として属性データが収集されている場合，現在の属性データしか手に入らず，過去の購買データに紐づくべき属性データが得られない場合があるなど，データ取得の一次的な目的である業務と，二次的な利用である分析の要件の違いにより生じる差異がある。したがって，分析時に影響のある特性については，分析のために過去データを新たに蓄積するなど取得方法を検討する必要がある。

データの受け渡し方法については，そのデータの機密性等に従って，その組織の規定によって定まる。手渡しやセキュア便などのディスクドライブ等の物理的なメディアを用いた受け渡しだけでなく，インターネット上でVPNや適切な設定がなされたクラウドファイルシステム等を経由した受け渡し方法など，情報の流出防止に配慮しながらも，受け渡し回数も考慮して効率のよい方法を選択する必要がある。また，物理的なメディアが安全だという先入観もあるが，セキュリティ要件を適切に定めていない場合，メディア保管時の紛失や盗難のリスク，無断での複製を検知できないなどの問題もあり，オンラインでのシステムで必要な対策を講じた場合よりセキュリティの確保が難しいことや不十分なこともあるので，対策内容を見極める必要がある。この際，オンライン，オフラインを問わず重要な視点は，機密性や可用性を考慮したうえで設定された権限のもと，権限がある者のみがアクセスできる環境が用意されるとともに，機密性や完全性を担保するためのパスワード管理や施錠管理，万が一流出があった場合も検知でき，証跡を追えることなど証跡管理等が重要な要件となる。

データの仕様確認と入手が終われば，入手データの検証を行い，データ分析に向けた実装を行う。技術的な詳細は6章で示す。正常にデータを入手し，実装が完了していることが確認できれば，分析対象に関する基礎集計や基礎的な指標の算出など，ヒアリングに向けた分析を実施する。

### 5.5.3　事業担当者に対するヒアリングとレポート

データラボによるプロジェクト推進者等に対するヒアリングは，下記の①〜⑪の項目を基本的な事項として収集したうえで，データ分析を実施し，複数回の反復を経て課題を明らかにする。

①　定常的に用いている集計やKPI

②　事業で用いているシステム，集計やKPI算出に必要なシステム

③　事業の目的・目標，すでに認識している問題・課題

④　過去の課題と，課題に対する施策の実施状況および評価

⑤　事業の対象

⑥　事業・施策対象へのアプローチ方法（関与方法・顧客接点など）

⑦　施策の実施状況

⑧　事業実施に関わるステークホルダー・ロールおよびそれらの関係

⑨　事業や対象のモデル

⑩　対象データの収集方法，活用状況

⑪　対象データの仕様と活用目的の要件との間で想定されるギャップ

①②は，過去のデータ分析事例や事業部内の定例資料でのデータ利用状況を確認することで，すでに集計方法等が確立しており収集状況やデータの信頼性が明らかになっている項目やデータの集計方法の検証に用いるべき指標を明らかにすることを目的としている。また，当該事業でのデータの利用状況やどのように利用しているかが明らかになることで，当該事業を行っている組織でのデータ利用に関するリテラシーレベルや組織でのデータに対する意識等も把握することができる。当該データの利用実績が多くない場合には，日常業務での確認等が行われていないことや，運用の変更等により正しいデータが更新されていないこともあり，データの信頼性が十分でないことも想定される。エラーデータの存在やその処理などについて，明確な手法が確立していないことも考えられるので，分析時のデータ実装時は特に留意してデータの状況を確認する必要がある。

③④では，事業の内容と同時に，どのような点がどのような問題や課題としてとらえられているのかを明らかにする。これと同時に，過去に実施した課題への対策について詳しくヒアリングすることで，過去の成功事例や，逆に既往課題にデータを用いることで改善できる点が明らかになることもある。

⑤～⑦は，事業側がデータ活用できる範囲や手段を把握するうえで重要であり，⑧⑨は既往事例の調査や課題解決に向けた仮説等を検証するうえで必要な机上調査や数理分析を行ううえで必要となる。

⑩⑪は，プロジェクトで対象とするデータの仕様の把握や想定される課題を抽出するための項目である。

上記のヒアリング結果を参考に基礎分析等を行い，複数回のレポーティングを行う。初回のレポートの目的は，データの仕様や正しい集計方法の確認，プロジェクト推進者が想定しているデータ活用の範囲や分析対象に関する詳細な理解である。このため，プロジェクト推進者から見ると，この時点での分析結果からは，ほとんど新たな知見が得られない点に留意する必要がある一方で，データラボとプロジェクト推進者が共通認識を持ったうえで分析を開始するためには重要なプロセスとなる。

1回目のレポートの目的は，データや分析対象に関する正しい共通理解を持つことにあり，その内容は

①　受領データ・分析対象データの概要
②　基礎集計の結果（各属性の集計など，事業で使われているKPIや関連する指標）
③　EDA（exploratory data analysis[8)]）の結果（ヒストグラム，時系列での変化，代表的な相関関係等を示すクロス分析等）

等である。

②は，データそのものを理解するために必要な分析であり，分析テーマやプロジェクトスコープによらず実施すべき内容である。また，分析対象に追加データが発生した場合は，改めて実施し，レポートを作成することが望ましい。また，これらのレポート内容に応じて，正しい分析ができていないと判断

される場合には，データ提供者によるデータの抽出，受け渡し，仕様の開示内容や，データラボのデータの実装方法，データクレンジング方法等に問題があることから，これ以降の工程にプロジェクトを進捗させることは難しく，早期の課題解決が求められる。

③は，データの内容の理解，プロジェクト推進者が想定しているデータ活用や対象に関する理解を深め，具体的な課題を立案するために必要となる前提知識を得ることが目的である。1時間程度の定例会であれば，理解を深め，活発な議論を見出せる論点数は1～3個程度が目安となる。このことから，最終的な課題抽出に至るまでには，複数回のコミュニケーションが必要となることが想定される。分析に関する進捗の如何によらず，必要な分析の説明や整理すべき論点の数を基準に，レポートの内容や分析報告会スケジュールを調整することが重要である。また，③の報告結果から，①②と同様のデータ実装の問題点が発見されることもある。①～③で発見される分析結果等の間違いの原因の例としては，仕様の未伝達（例えば欠損値の取り扱い方法や補完の実施方法）やデータセットの説明が不十分で誤ったデータセットを集計しているなどデータの提供側に起因するものもあれば，集計プログラムのミスなど分析チーム側に起因するものもある。

データ分析状況が良好であったとしても，ヒアリング，レポーティングのコミュニケーションが不十分な場合には，次フェーズに進むうえで必要な論拠の積み上げが不十分になり，次フェーズの課題設定フェーズでの手戻りの原因となる。特に，プロジェクトの実施者等のステークホルダーの範囲と課題のスコープのギャップが生じると実行可能な課題設定ができなくなる恐れがある。このことから，関係する業務やデータ分析で明らかになった事象を管轄し得る部署の洗い出しなど，データを中心として，プロジェクトの対象に関連する業務を中心としたエンタープライズアーキテクチャの把握が必要となる。

上記①～③のプロセスで発見される分析結果等の間違い等についても，課題管理表に課題として取り上げ，原因を調査し，絞り込む必要がある。また，このレポートにより，データの特徴から解釈できる内容，データ分析者の解釈が正しいか，この解釈から事業担当者は日々どのようなことを考えているかなどを確認することで，データを用いずヒアリングを行うよりも深い共通理解が得られる場合がある。

①「受領データ・分析対象データの概要」については，データの受領や実装について問題がないことやデータの仕様に関する共通認識とすべき内容をとりまとめた資料となる。このために必要となる項目は

- データの名称
- データの収集者
- データの収集システム
- データの収集方法
- 受領データの点数（テーブル数，ファイル数等）
- 主要な集計対象カラム
- 集計対象テーブルのレコード数
- 集計対象テーブルに含まれるユニークユーザー数（顧客データ等の場合）
- 集計対象テーブルのデータ収録期間
- 分析対象の抽出条件
- 分析対象の期間
- 分析対象のレコード数
- 分析対象に含まれるユニークユーザー数
- データクレンジングの有無・方法
- バリデーションがとりやすい基礎的な指標（1日当りや月当りの観測ユーザー数，売上等，日常的にモニタリングを行っている指標など）
- 個人情報の利用目的等の留意点や仮名加工データ，匿名加工データ等のデータの属性，突合可能な他の個人情報の範囲
- データ収集の環境の記述
- 収集対象者
- 収集条件
- 収集場所

• 収集タイミング

等である。特にデータ提供者とプロジェクト推進者が異なる組織の場合には，どのようなシステムがどのように収集したデータをどのように抽出して利用しているのか，このデータを活用するうえでの一般的な留意点は何なのか，すでにこのデータセットを用いてデータ活用者の普段目に触れている指標等があるのか等について，データ提供者，プロジェクト推進者の双方から情報収集し，レポートすることで，共通認識を形成する必要がある。

②「基礎集計の結果（各属性の集計など）」では，重要な指標の集計値や統計量，ヒストグラム，相関関係等，データの概略を把握できる内容を記載する。例えば，POS（point of sale）などの購買に関するトランザクションデータの分析を行う場合には，頻度や売り上げ等の観点からユーザー数のヒストグラムなどを用いて可視化し，全体像を把握する。また，プロジェクト推進者やデータ提供者が普段から用いているKPI等の指標があれば，算出を行う。このような算出すべき指標等を一覧に示すと

• 集計値がとり得る値域
• 分布形状
• 既往指標との一致

となる。これは，プロジェクト推進者やデータ提供者と同じ集計方法が可能かを確認することで，正しくデータが実装できていることを確認したり，詳細な分析を行った際に基準となる比較指標を正しく算出する必要があるためである。

2回目以降のレポートの目的は，分析対象に対するより深い共通理解を形成し，そのうえで，解決可能でかつプロジェクトで重点的に解決すべき課題やその解決のための案を得ることにある。したがって，2回目以降のレポートでは，レポート結果をもとに，質の高いディスカッションを行うことが趣旨となり，必ずしも高度なモデルを用いた分析結果が求められるわけではない。たとえ，高度な分析モデルを用いたとしても，プロジェクト推進者とデータラボの双方にその結果を咀嚼し，ディスカッションできる素養がなければレポーティ

ングの趣旨を満たすことができないことに留意する必要がある。このことから，2回目のレポート内容は，EDAによって得られた特徴やデータの解釈のうち，データ活用の対象等に関連するテーマを中心にレポートを作成する。レポートには，EDAで行った全部の分析を掲載するのではなく，今後の進め方につながる議論の論点を設定し，議論をするうえで必要となる分析を選んでレポートすることが重要である。ミーティングの時間配分は，60分のミーティングであれば，十分な資料の理解のうえ，おおよそ30～40分以上は，ディスカッションにあてられるように工夫する必要がある。このためには，資料の事前配布および口頭説明がなくてもある程度資料だけから要旨を把握できるように，十分に推敲された資料が必要となる。したがって，データ分析者の視点からは，分析が先行していても，ミーティングで議論できる論点や分析内容については限りがあることに留意する必要がある。2回目以降のレポートの提示資料の構成例は，大きく分けて

- サマリ
- 本編

の2篇からなる。

サマリには

- 分析観点
- 観点から導き出された結果
- 結果を根拠にディスカッションしたい論点

の3項目をA4判1枚など簡潔にまとめて提示する。

本編では，サマリの内容に加え

- 前回ディスカッション内容とこれに対応する今回の分析の観点
- 論拠になる部分を補強する分析
- 論拠となる分析に対する解説

などの分析結果と，これをもとにディスカッションすべき内容を中心として構成する。また，本論からそれる内容でも注目すべき項目については，付録に掲載し，次回レポートの対象にするべきかなどの調整を行う。また，レポーティ

ングによって，データの不備や集計間違いが発見されれば，課題管理を行い，正しい結果が得られるように調査し，改善を行う。

分析観点の設定は，ヒアリングでの聞き取り内容や EDA で発見した特徴をもとに行う。それらの観点に応じた分析は，ヒストグラムや条件付き分布，時系列分析，相関分析，クラスタリング等の教師無し学習等を用いた特徴理解などを駆使して，特徴の発見や特徴の記述，解釈およびその観点での課題の記述を行う。

2回目以降のレポーティング回数は，ヒアリング時点（データ分析前）での対象やスコープの絞り込みの程度，実施した分析の分量や共通理解を得るための説明に要する時間，データの不備等による再レポーティングの発生等により左右されるが，2～3回程度のレポーティングを目安として，複数の課題を列挙できるまで繰り返す。

各レポートのチェックリストは，以下である。

- 適切な観点が設定されているか
- ヒアリングやディスカッションの内容を踏まえた観点が含められているか
- 事前に質問等があった内容や依頼に基づく分析に関しては，質問や依頼に対する回答が明解に記載されているか
- 記載されているすべての分析結果は，観点とディスカッションを行う論点に結びつく内容か
- 分析結果の解釈が恣意的ではないか
- 資料内容は，プロジェクト推進者の知識に沿った説明内容となっているか
- 資料の分量はディスカッションを行う時間を十分に確保できる分量となっているか
- グラフの単位，軸名，キャプション，凡例等が適切につけられているか，有効桁や数式等が正しく標記されて説明されているか
- どのデータをどのような条件で分析・可視化したものかが明示されているか
- 明解な論点が設定されているか。また，何のためにその議論を行う必要が

あるのか明示されているか

### 5.5.4　成果物

このフェーズで得られる成果物は

- プロジェクトの対象に関する課題設定案のリスト
- 分析中に明らかになった仕様を含むデータの仕様
- 分析中に明らかになった集計等のデータ取り扱い時の留意点

である。

## 5.6　課題設定フェーズの進行例

課題設定フェーズは，現状理解・問題把握フェーズで明らかになった課題リストに対し，対応策を策定する課題を選択し，具体的な施策や PoC 実施，調査・検証の方法を策定する（**図 5.9**）。本フェーズのキックオフは，現状理解・

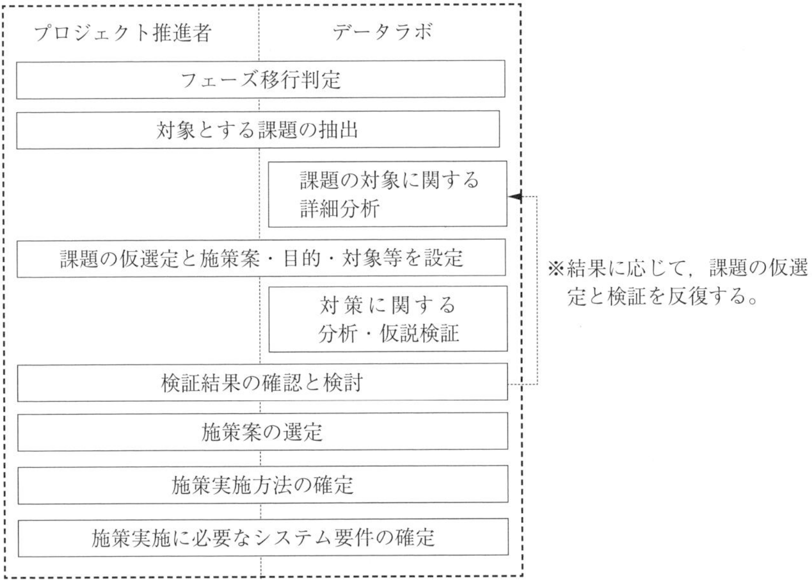


**図 5.9**　課題設定フェーズのフロー

問題把握フェーズの成果をもとに，対象とする課題の候補について合意し，プロジェクトを進行する。このフェーズで想定しているステークホルダーは，プロジェクト推進者，データラボの二者である。

### 5.6.1　課題設定フェーズのキックオフ

課題設定フェーズへの移行時の資料で記載すべき項目は，前フェーズのキックオフ資料と同様に

- プロジェクト / フェーズのスコープ
- プロジェクト / フェーズの実施方針
- スケジュール・マイルストーン
- 体制・会議体
- プロジェクト管理方法・ルール
- コミュニケーションツール
- 成果物
- 変更管理のルール
- プロジェクトのリスク

に加え

- 前フェーズでのスコープの達成状況および残課題
- スコープやスケジュールの変更記録（前スコープで変更管理を行った記録）

等の記載を追加したものとなる。

追加となる「前フェーズでのスコープの達成状況および残課題」では，前フェーズで実施予定であったタスクのうち未達成のものや，当初想定していなかったタスク等の課題について，フェーズ移行時までに解決しなかったものを記載する。また，記載された残課題は，本フェーズのスケジュール，マイルストーンに反映され，本フェーズでは進捗管理の中で管理される必要がある。

「スコープやスケジュールの変更記録」は，前フェーズで発生したスコープ等の変更履歴であり，これらの変更は本フェーズの「プロジェクト / フェーズのスコープ」に反映されている必要がある。また，「プロジェクト / フェーズ

の実施方針」についても前フェーズで発生した課題等を参考に必要な修正を行うことが好ましい。

フェーズ移行資料のチェックリストは，キックオフ資料に加えて以下の事項が追加になる。

- 前フェーズでの残課題が適切に今フェーズのスケジュールに反映されているか
- 前フェーズのスコープやスケジュールの変更記録が，今フェーズのスコープやスケジュール，マイルストーンに反映されているか
- 前フェーズでのプロジェクト管理状況の振り返りをもとに実施方針が見直されているか

### 5.6.2　課題設定フェーズのレポート

課題設定フェーズのレポートの目的は，課題に対する理解の促進，解決策の提案および解決策または解決時の効果の検証を行うことで，実施施策を決定することである。したがって，解決案を提案し，仮説検定などでの統計的検証やシミュレーション，実施手順の策定を行い，解決策の妥当性をレポーティングする。この際のレポートの構成は

- サマリ
- 本編

の2篇からなり，サマリには

- 検証の目的と対象
- 検証方法
- 検証結果

の3項目をA4判1枚など簡潔にまとめて提示する。本編では，サマリの内容に加え

- 検証方法の詳細
- 検証結果の解釈

などの分析結果と，これをもとにディスカッションすべき内容を中心として構

成する。また，上記のレポートとは別に，解決策となる施策の実施手順概要等についてヒアリング等を実施してまとめることも必要である。

本フェーズでのレポートのチェックリストは，以下である。

- 適切な観点・目的・対象が設定されているか
- 事前に質問等があった内容や依頼に基づく分析に関しては，質問や依頼に対する回答が明解に記載されているか
- 記載されているすべての分析結果は，検証に結びつく内容か
- 検証方法や結果の解釈は専門知識に基づいて正確に適用され，記載されているか
- 資料内容は，プロジェクト推進者の知識に沿った説明内容となっているか
- 資料の分量はディスカッションを行う時間を十分に確保できる分量となっているか

### 5.6.3　成果物

このフェーズでは，データ分析チームは，分析方法や施策の提案を行い，実施のための要件を策定する。このフェーズでの成果物は

- 施策の対象課題
- 施策の目的・目標
- 施策の対象
- 施策へのデータの活用方法
- 評価に必要なデータ・KPI
- 施策実施に必要なシステム要件（あるいは，RFP）

である。

プロジェクトの対象課題に提案手法を適用した際の効果などの想定について，過去データの分析や予測手法等を用いたシナリオ分析を実施することで，施策の評価を行い，実施施策やそのパラメータを選択することが分析チームの重要な役割である。

前フェーズと同様，事業担当者に対するヒアリングとレポートで実施し，想

定される施策案策定とその評価を繰り返すとともに，評価がよい施策など実施可能性が高い施策について，具体的な実施方法を想定した要件定義を行う。

## 5.7　施策実施フェーズの進行例

施策実施フェーズは，課題設定フェーズで得られた施策を実施するフェーズであり，データラボの役割は，予測等の施策自体でのデータ活用をするために必要となる設計と，その施策によって得られた結果に対する検証である（**図 5.10**）。このフェーズで想定しているステークホルダーは，プロジェクト推進者，データラボの二者が中心となるが，必要に応じて施策実施環境を構築するシステムベンダー等が参画する。PoC を実施する場合には，データラボが活用に必要な環境も提供できることが理想ではあるが，システム構築や改修が必

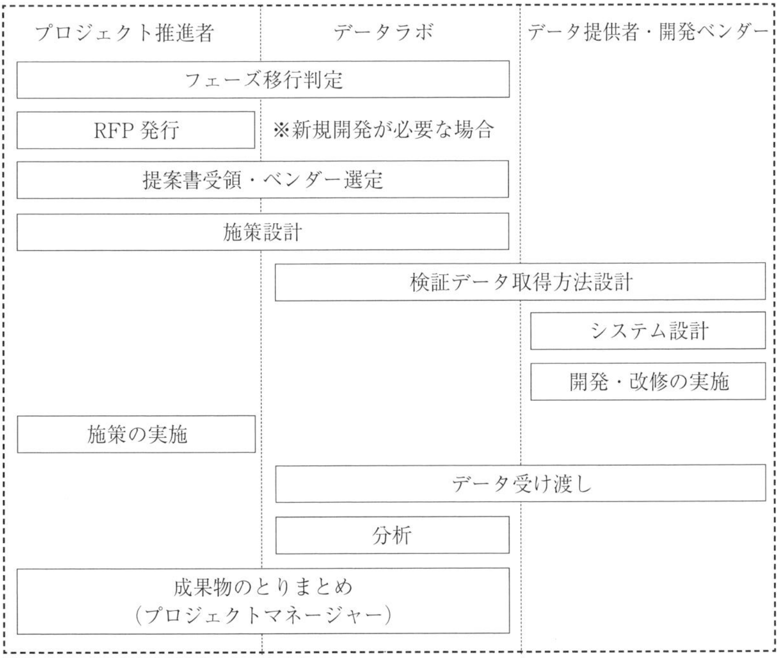


**図 5.10**　施策実施フェーズのフロー

要な場合は，施策提案フェーズで作成したRFP等を発行し，開発・改修ベンダーを募り，開発・改修プロジェクトを並行して実施する必要がある。

施策自体へのデータ活用に対する設計は，施策提案時に提案した手法を軸に実施に必要なステークホルダーを考慮し，業務で必要な要件も満たすように実施プロセスを策定し，そのプロセスで実行可能な設計を行う必要がある。特に，過去データを中心に静的な分析をしている場合には，問題にならなかったデータ取得のタイミングや精度による利用可能なデータ項目の違いなど，動的なデータ利用特有の問題が想定され，データサイエンティストだけでなく，エンジニアの関与も必要となる。

結果に対する検証では，A/Bテストや因果推論などの各種手法を用いることが想定されるが，これらの検証手法を精緻に適用するためには，施策の設計時に用いる検証手法をあらかじめ選択しておく必要がある。例えば，単純なA/Bテストであっても，事前の検証方法の設計が不十分な場合，期待通りの結果を得たとしても統計的に有意な結果が得られないことがある。また，事後的に適用可能なCausal Impact等の因果推論の手法を適用する場合であっても，推計に必要な共変量やモデルの同定はあらかじめ実施し，施策設計時点で適用可否を判断することが望ましい。これは，検証段階で検証手法が適合しないと判明した場合に，代替する評価手段のためにデータ項目の追加や新たなデータの収集を行うことは困難であるためである。

先に述べたように，本フェーズのプロジェクトの進行は，ウォーターフォール型が望ましい。これは，前フェーズで施策の要件が決定されており，これを検証することがこのフェーズでの重要な目的であるためである。アジャイル型の手順により施策内容の変更やシステムの変更が生じると，その都度検証方法の変更も行う必要が出てくるなど，本フェーズのキックオフ時点で明示した要件以外の実施の検討を行うと，プロジェクトの進行に大幅な遅れが生じるためである。

### 5.7.1 施策実施フェーズのレポート

課題解決フェーズのレポートの目的は，施策効果のモニタリングや検証に必要な検証実験の設計，データ収集方法の策定と施策実施後の効果検証である。検証実験の設計やデータ収集方法の策定時には

- 検証の目的・対象
- 検証に用いる方法論（A/B テストや因果推論など）
- 検証に必要な調査・実験の設計（モデルやデータ項目，サンプル数等）
- 検証実験に必要なデータ収集等を行うための業務フロー
- データ収集等に用いるシステムや，システムの改良の要否
- 検証データの収集がセキュリティ等に対し問題が生じないか
- 検証データ取り込み方法
- 検証データ収集に関する同意・承諾等の取得対象とその方法
- 検証データの取り扱い

等を記載する必要がある。施策実施後のレポートでは，検証データの取り込み結果について，1 回目レポートの内容と同様にデータや分析対象に関する正しい共通理解を持つことを目的としたレポーティングを行ったうえで，課題設定フェーズと同様に検証分析結果をレポートする。

### 5.7.2 成果物

このフェーズでの成果物は

- 施策の対象課題
- 施策への適用手法
- 施策の目的・目標
- 施策の対象
- 施策へのデータの活用方法
- 施策実施に用いたシステム仕様
- 施策実施に用いたシステム

• 検証に必要なデータ・KPI
• 検証手法
• 検証結果
• 施策実施で明らかになった課題

である。

# 6章
# データ分析の実践

John Tukey[32] は，**データ分析**の領域には

"Procedures for analyzing data, techniques for interpreting the results of such procedures, ways of planning the gathering of data to make its analysis easier, more precise or more accurate, and all the machinery and results of (mathematical) statistics which apply to analyzing data."

が含まれると定義している。つまり，解析方法だけでなく，結果の解釈のための技術，データ収集の計画法，統計学の手法が含まれることが示されている。現代的には，統計学以外にも，データ活用型プロジェクトで対象とする二次データのようにデータ収集の計画に関与できない要素がある一方で，データ基盤の整備などの新たな要素や，機械学習や人工知能など幅広い解析方法が生まれており，これらの項目を含むことができるであろう。

本章では，収集後のデータを取り扱うデータ基盤やデータ分析の手順を安全に滞りなく実施するための分析環境を「データ活用のための環境」として説明したのち，データ解析の手順での初期的な枠組みとなるデータ処理やデータクレンジング，基礎分析，探索的分析データ等を「取り込みと基礎分析の実施」としてまとめる。「課題解決方法の提案や施策の検証」では，検証分析で必要となるデータ収集の計画，分析手法や評価指標，その解釈等について述べる。

## 6.1　データ活用のための環境構築

理想的なデータ連携環境例を図**6.1**に示す。クラウド上の VPC（virtual

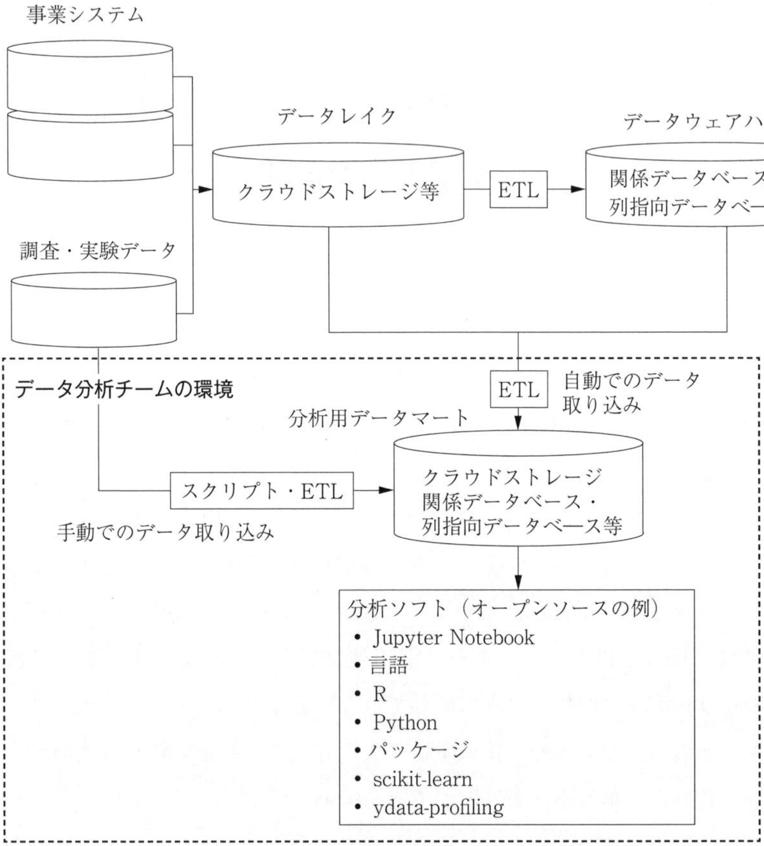


**図 6.1**　データ連携・分析環境の構成例

private cloud）にデータの格納先となるデータレイク，データウェアハウスなどのプラットフォームが整備されていれば，データラボは，適切なセキュリティ要件を満たしたデータマートをクラウド上に構築し，オンラインでデータを自動連携する形が容易にとれる。しかし，このようなデータプラットフォームやデータ転送の環境が構築できない場合やセキュリティ要件が満たせない場合は，手動でのファイル転送や物理メディアでのセキュリティ便や手渡し等でのデータのやり取りが発生する場合もある。

データマートへの取り込みには，独自にプログラム等を作成することも可能ではあるがETL（extract/transform/load）に対応したツールを用いて，必要な変換処理を行うことで省力化することが可能となる。

データ分析の環境は，可視化や簡単な集計，定型の分析を行うだけであれば，一般的なBI（business intelligence）ツールなどでも対応できる。一方で，高度な条件抽出やモデルの適用，機械学習，人工知能などを用いた分析を行う際には，Jupyter Notebook[33] など（マルチユーザーに対応したJupyter hubや機能が充実したJupyter labなどの派生もある）のオープンソースの分析環境を用いることができる。Jupyter Notebookは，Python[34] 等を用いてインタラクティブな操作ができ，多くの分析パッケージが提供されているため，試行錯誤を伴うデータ分析を行うために適した環境である。

以下では上記に示したシステムについて，詳細を述べる。

### 6.1.1　データレイク，データウェアハウス

**データレイク**，**データウェアハウス**は，データ提供者側でのプラットフォームとして整備された環境である。データレイクは，構造化データと非構造化データにかかわらず，データを保存しておくリポジトリであり，データ分析等のためにデータを保管しておくことに重点がおかれている。データウェアハウスは，トランザクションデータや業務データ等のRDB（relational data base）をソースとしており，列指向データベースを用いるなど集計や分析での操作に優れた性能を持ったもので構成されていることが多い。データレイクが，組織内のデータを総合的に一元管理することを目的にしているのに対し，データウェアハウスはRDBに特化して一元的に管理し，データの結合や集計等についてオンデマンド処理，データ変換等の定常処理をシームレスに行う目的で利用される。このような，データレイクやデータウェアハウスを用いた基盤構成は，大規模な組織でのデータ散逸防止，データの一元性確保と派生データの管理，各データの組織内の部門横断的利用の促進と同時に緻密なアクセス権限の設定などを，確実に行うために整備されていることが多く，このようなデータ基盤よりデータを取り込んで分析できる環境が理想形となる。

### 6.1.2　ETL によるデータマートへのデータ取り込み

データレイクやデータウェアハウスから分析用のデータフォーマットに整え，データマートに取り込む際には，各種 ETL ツールを用いてデータ整形して，分析に適したデータ構造に変換する。

**ETL** とは

- extract：データの抽出
- transform：抽出したデータの変換・加工
- load：変換・加工済みのデータをロード

を一括で行う機能を持ったツールの総称である。オープンソースのものでは，Apache NiFi[35] などがある。ETL での transform では，標準化，正規化，重複排除，検証等の標準的なクレンジング処理を行う。

### 6.1.3　データマートの実装

**データマート**は，データレイクやデータウェアハウスから分析や業務に必要なデータを必要な形式に加工して切り出し，必要なデータを集約したシステムであり，規模やデータ構造に応じたシステムで構成する。ユーザビリティの観点からは，データの管理が容易に行える SQL が使える環境を要件とすることが多い。

**SQL** は，RDB で用いられる問い合わせ言語であり，データベース上でのテーブルの作成，追加・更新・削除，テーブル同士の結合，検索，集計等の処理を RDB に行わせることができる言語である。Python などのプログラム上からは，API を用いて SQL を実行し，Python の実行環境に直接データを読み込むことができる。

このような環境を実装することで，データ分析に使用する際に任意の範囲のデータや，あらかじめ集計したデータをプログラムに取り込むことができるようになる。そして，プログラムへのデータのロード時間の短縮，メモリ消費の抑制により，データ分析の効率化，高速化につながる。また，データベースを利用すれば，データへのアクセス権限を設定したり，使用されたクエリ（データ問い合わせ）のログの収集等も設定できる。このことから，個人情報やこれに準ずる仮名加工情報，第三者からの提供データを用いる際に，データの利用状況について証跡を残すことができ，何らかのトラブルが発生したときも原因究明や状況把握に役立つことから，利用が推奨される。

RDBのように日付型や数値型などのスキーマの定義があるデータベースを用いれば，ETLでの変換等に不備がなく，取り込み対象のデータが本来具備しているべき要件を満たしているかについて，データ取り込み時に検証することができる。例えば，本来数値が入るべきところに文字が入っている，存在しない日時（例えば2023-02-29 25:30:20など）が入力されている，NULLがない（NOT NULL制約）仕様として受け取った列に欠損値がある，一意の値（primary key）が入るべき列に重複した値が入っているなどの検知を行うことができる。

オープンソースのRDBで主流なものには，PostgreSQL[36]，MySQL[37]などがある。特に，PostgreSQLには，空間情報への拡張スキーマであるPostGIS[38]が開発されており，互換性があるソフトウェアも多いことから，郵便番号や市町村区域などの地理データへの割り付けなど，空間情報を解析する場合には，利用されることが多い。また，RDBで取り扱うことができるデータよりも大きなデータを用いる必要がある場合には，列指向型データベースを用いることで可用性を担保できることがある。近年では，RDBと同様のSQL形式のクエリに対応したクラウドサービスを用いることもできる。

RDBや列指向型データベース以外のデータベース形式としては，XMLやJSONなどを扱うドキュメント型データベース（例えばMongoDB[39]）もある。これらのシステムは，スキーマの自由度が高くデータの追加・削除がしやすい，テキストの検索が速いなどの特徴を有することがある一方で，RDBと比較するとテーブルの結合処理や集計処理には向かないことから，利用目的やデータ構造に応じて活用を検討することになる。

一般にアプリケーション開発でRDBを取り扱う際には，データベースの正規化を行うことが多いが，データ分析利用では，集計用途に合わせて正規化の要否を判断し，テーブルを定義する必要がある。正規化されたデータベースでは，集計の際にマスターテーブルとの結合処理が必要になることから，集計処理の非効率化やSQLの記述が複雑になることでのバグ発生の蓋然性の増加が見込まれるためである。このことから，正規化されたデータベースを取り込んだ際にも，集計用途に合わせたテーブルを改めて定義する必要がある。

### 6.1.4　データ分析環境

**分析環境**の構築については，小規模なチームで分析を行う場合には，パソコン等のスタンドアローンの環境での実施も考えられるが，複数人が分析に関わる場合には，クラウド上のVPCや閉域網でのサーバー環境などで分析環境を構築することが，データへのアクセス権限や散逸の防止などの管理上の観点からは望ましい（**図6.2**）。スタンドアローンの環境を前提とする場合では，データマートに該当する機能も個別端末に設定する必要がある。このため，データの自動連携を行うには，セキュリティの確保が難しく，手動や物理メディアでのデータ導入に制限されることも想定される。また，個別の端末へのソフトウェア的なセキュリティ対策に加え，データや端末の持ち出し防止対策など物理的な対策も必要となるため，ネットワーク上での管理のほうが，環境構築が容易で可用性も担保しやすいこともある点に留意したい。

端末に対するセキュリティの例としては

- 十分な強度を持ったパスワードを正しく運用する
- 端末の盗難対策を行う
- インターネットに接続の接続先を制限する
- ファイアウォール・ウィルス対策ソフト等を用いた侵入対策を行う
- 外部メディアによる持ち出し対策をとる
- 端末自体の持ち出し対策をとる
- 端末へのアクセス者の物理的な限定措置をとる
- 操作ログ・アクセスログを保存する

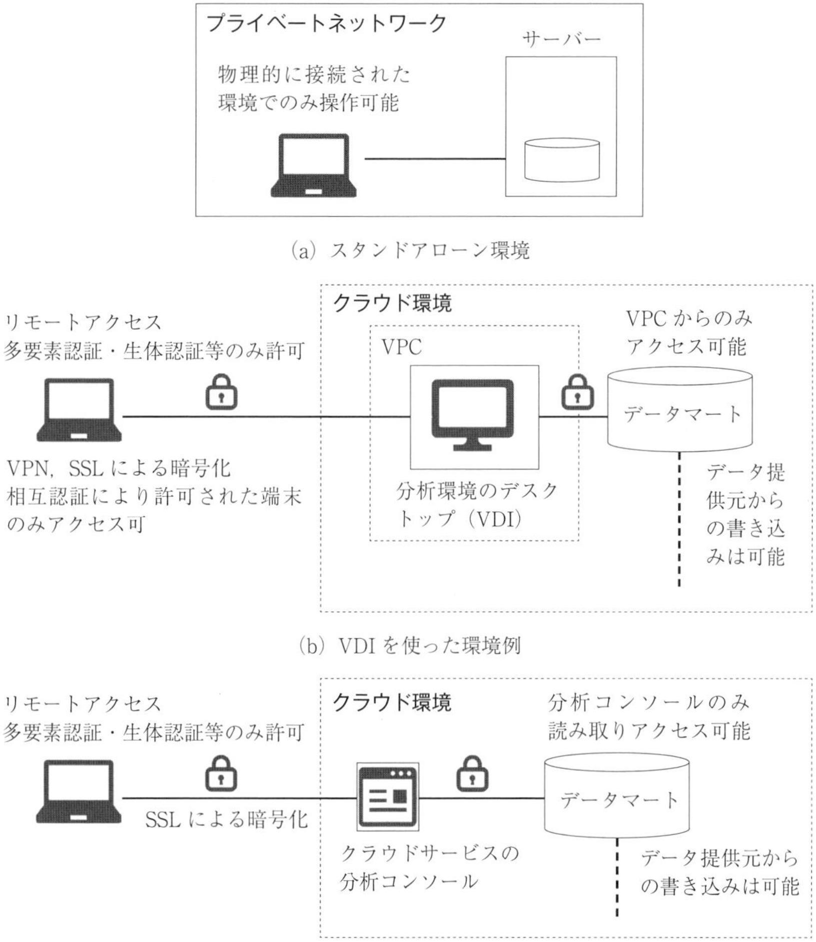


（a）スタンドアローン環境

（b）VDI を使った環境例

（c）コンソール接続等を用いた環境例

**図 6.2**　データ分析環境の構成例

等が挙げられ，各組織での規定に従って整理する必要がある。また，インターネットに接続せず，閉域網で運用する場合には，脆弱性のあるソフトウェアやウィルス対策ソフトの定義ファイルをオンラインでアップデートできないなどの問題もあり，特に，外部メディアを接続する場合には，マルウェア等が持ち込まれないように留意する必要がある。

クラウド上に分析環境を構築する場合には，閉域網のサーバーやクラウド上のVPCにセキュアな環境を構築したうえで，VDI（仮想デスクトップ）等を設置し，VDIから操作を行うことで，VDIにアクセスする端末には一切データをダウンロードできないようにすることも可能であり，物理的なセキュリティ対策を大幅に縮小することも可能である。

端末側のセキュリティが担保される場合には，サーバーへのSSH（secure shell）プロトコルによるコンソールアクセスや，Jupyter hubやJupyter Notebookをはじめとしたブラウザベースでのデータ分析環境を構築する方法がある。各端末からVDIやデータ分析用サーバーへのアクセスは，専用線・閉域網，VPN等を用いてアクセスすることが一般的である。VPNでの接続では，SSLを用いて端末を認証したうえで，多要素認証や生体認証などのユーザー認証を行うことも一般的になりつつあり，特定の端末とユーザーからのみアクセスを可能とし，セキュリティを担保することが容易である。

### 6.1.5　分析環境の実装

**Python**環境の導入には，Pythonの開発元のPython Software Foundation[40)]が配布するパッケージをインストールし，その標準的なパッケージの配布サービス**PyPI**（Python package index）を利用して必要なパッケージをインストールする方法と，データサイエンス，機械学習，AI等の科学技術計算のためのサービスである**Anaconda**[41)]の独自のリポジトリを用いて導入する方法がある。Anacondaを利用した導入方法では，データ分析に必要なパッケージをより簡単に導入できる。また，業務利用では，商用パッケージを利用する必要がある一方，一定のセキュリティ要件を満たしたパッケージを利用することが可能となる。

データ分析を行ううえで，最低限必要となるライブラリは以下である。

- インタラクティブな分析環境　Jupyter[33)]
- 多次元配列の数値計算　Numpy[42)]
- データフレーム　pandas[43)]

- EDA[8)] ydata-profiling[44)]
- 可視化 matplotlib[45)], seaborn[46)], plotly[47)]
- 数値解析ライブラリ SciPy[48)]
- 機械学習ライブラリ scikit-learn[49)]

これらのほかに人工知能をはじめとした特定の分析手法が必要な場合には，それらに対応したライブラリを適宜導入する必要がある。例えば，ディープラーニングを行うには，TensorFlow[50)] や PyTorch[51)] の導入が必要である。

Jupyter には，スタンドアローンのパソコン等では，Jupyter Notebook が普及しているが，研究や業務利用の場合，適切なセキュリティ設定をサーバーやコンテナを用いた環境に構築し，マルチアカウントにも対応した Jupyter hub を導入することが推奨される。

## 6.2 データの取り込みと基礎分析

データ活用型プロジェクトでは，1 章に示したように，ビッグデータや過去に収集した二次データを利用する場合や IoT などによりセンサーでのデータ収集により新たなデータが加わる場合もある。新たなデータ収集を実施する場合，データラボは，データ収集に際する要件を決定するフェーズから参画することが望ましい。そうすることにより，分析目的の達成に際し，必要な項目や対象が確実に収集できる方法であることを確認できるためである。つまり，分析に必須な項目や精度に大きく影響する範囲が欠落することを未然に防ぐなど，データ収集の要件定義を支援することが期待される。また，データがどのような特性を持った機器で収集されるのか，エラー時や異常値の発生時等にはどのような対応が行われるのかなどについても，収集段階で仕様を合わせておくことで，データ実装者が実施するデータクレンジングの手間を低減したり，あらかじめデータクレンジング方法を定義しておくことができる。

データ提供者からのデータの受領以降にデータラボが行うプロセスを，前章で述べた①現状理解・問題把握，②課題設定，③施策実施・検証に沿って示したものが以下である。

① 現状理解・問題把握

(1) データ収集・受け渡し

(2) データの取り込み

(3) 実装

(4) データ実装状況の検証

(5) 基礎分析

(6) 探索的分析（EDA）

(7) 教師無し学習

② 課題設定

(8) 予測（教師有学習・シミュレーション）

(9) 統計解析・仮説検定

③ 施策実施・検証

(10) 統計解析・仮説検定

(11) 因果推論

現状理解・問題把握で実施するデータ取り込みに必要なプロセスは，ファイルの取得，データ形式の変換，データクレンジング，データマートへの実装，データ内容の確認である。また，手動でのファイルのやり取りなどが発生する場合は，必要に応じてファイルの**同一性チェック**が必要である。

### 6.2.1 データ受領時のファイルの同一性チェック

データの取得には，データプラットフォームからの自動連携が可能な場合だけでなく，手動でのファイル転送や物理メディアでのセキュリティ便や手渡し等でのデータのやり取りが発生する場合もある。この場合には，取得したデータについて，伝送経路上でのエラーや改ざん等が発生したことを検知することが難しいことから，送信元から正確に受領できたことを確認する必要がある。このためには，SHA-256 ハッシュ値[52)]を計算してファイルの同一性を確認することが一般的である。

ファイルの送信元が提供する**SHA-256 ハッシュ値**と受領したファイルから計算したハッシュ値が一致するかを確認することで，ファイルの同一性を判断することができる。ハッシュ値の割り出しは，7-Zip[53]，sha256sum[54] などのツールを用いることで実行できる。

### 6.2.2 データの変換

取得したデータは，データ収集の機器特性や一次データとしてのデータ利用の目的のためにデータ構造や形式が決められていることが一般的であり，分析に適したデータ形式への変換が必要になる。データには，表などに整理され加工がしやすい**構造化データ**，観測値の羅列である**非構造化データ**の区分がある。また，構造化データであっても，CSV（comma separated values[55]）やJSON（JavaScript object notation[56]），XML（extensible markup language[57]）などのフォーマット，改行コードや文字コードの規定など形式的な差異がある場合もある。これらの区分や差異は，分析手法や環境で取り扱いやすい形式にあらかじめ変換することが望ましい。さらに，個別データの特性に応じた処理も必要である。例えば，CSV などの表形式の構造化データでは，一つ一つのカラムの状況によって，標記の統一，重複排除や差分生成などのデータクレンジングが必要になることもある。上記に関する変換処理は，ETL ツールに実装されていることが多いが，ETL ツールがない場合はデータマートへの取り込み時にスクリプト等で処理を行うことが望ましい。

構造化データのデータ形式としては，CSV，JSON，XML 等が一般的である。一部，旧来のデータの場合には，文字の桁数ごとにコードが割り当てられた固定長のデータ（例えばDRM（digital road map）[58] や各種統計調査）もある。画像，動画，音声などのデータをはじめ，コネクティッドカーデータ[59]などの機器から直接収集されるデータは，非構造化データとして，バイナリ形式のフォーマットで構成されていることもあり，ファイルの読み取り用のライブラリの利用や，ファイルの仕様を確認したうえで専用のソフトウェアを作成することが必要である。

さらに，CSVなどの文字列で構成される構造化データでは，**改行コード**（LF，CR+LFなど）にも留意する必要がある。改行コードは，Linux，MacOS，Windowsなどの環境で異なるため，分析環境に合わせて適宜統一する必要がある。日本語マルチコードの文字列を含むデータでは，**文字コード**（UTF-16，UTF-8，UTF-8(BOM)，SJIS(CP932)，EUC-JP等）が所定の仕様や分析環境に適合するものかを確認する必要がある。なお，分析環境としてJupyter等でPythonを用いる場合は，標準の文字コードはUTF-8である。ETLツールを用いず手動で改行コードや文字コードを変換する必要がある場合には，Linux等ではiconv[60]コマンドを用いることができる。

上記のような，フォーマット等の形式的な差異に対する変換が終われば，表記等の標準化のための処理を行う。この処理は，データのフォーマットを整形する処理で，半角・全角の統一や日付の表記方法の統一等を行い，分析しやすい形式にする。データの統合や表記方法の統一を行った結果，同じ情報を持つ重複レコードが発生することもあり得る。このような冗長なデータが発生した場合は除外する処理が必要である。データマートにある既存のデータベースにデータを追加する場合は，追加分に該当するデータをあらかじめ抽出する必要がある。また，RDBに実装する場合は，それぞれのレコードを識別するため，プライマリキーが必要である。**プライマリキー**は各行にユニークな値が割り当てられていればよく，複数の列の組み合わせをキーとすることもできる。このようなキーがない場合は，連番から重複のない数を割り当てるなどの処理が必要になることもある。

### 6.2.3　データマートの実装のためのデータベースデザイン

構造化データの構成には，静的な属性を記録した**マスターデータ**と，動的な情報を記録した**トランザクションデータ**で構成されるデータセットを用いることが多い。例えば，顧客データの場合，顧客の属性等の状態を記録する**顧客マスターデータ**と，日々の購買などの行動が記録されたトランザクションデータで構成されることが一般的である。

顧客マスターデータは，**図 6.3** のように，個々の顧客の性別や生年月日，居住地等の最新の登録情報が掲載されているデータである。トランザクションデータは，購買等の履歴情報が記録されているデータベースである。例えば，交通系 IC カードのデータであれば，図のように乗車履歴が記録される。最寄り駅や性別，年齢など特定の属性に基づいた行動の違いなどを分析しようとする場合には，属性とトランザクションデータを結合して分析を行う必要がある。さらに，顧客マスターデータには，生年月日など個人についての変化がない項目と，居住地などのように，変化が起こり得る項目がある。多くの場合，顧客管理システム等のデータベースでは，顧客マスターデータは顧客との連絡等を目的として保持しているため，最新の顧客の状況を反映したデータになっていることが多く，過去の履歴情報がないことも多い。経年の変化など時系列の分析を行う際などには，過去のトランザクションデータとトランザクションの発生当時の顧客マスターデータを用いる必要があるため，分析データの入手，加工には留意が必要である。

①顧客マスターデータ

| 顧客番号 | 氏名 | 年齢 | 性別 | 郵便番号 | 電話番号 |
|---|---|---|---|---|---|
| 100001 | 長岡　向 | 25 | 男 | 737-0340 | 08-984-6 ●●● |
| 100002 | 新庄　春日 | 21 | 男 | 330-0320 | 06-200-0 ××× |
| 100003 | 青木　千船 | 105 | 女 | 787-0777 | 080-550-2 △△△ |

②トランザクションデータ

| トランザクション番号 | 日付 | 乗車駅 | 乗車時刻 | 降車駅 | 降車時刻 | 顧客番号 |
|---|---|---|---|---|---|---|
| 70284771 | 2022/10/6 | 長岡天神 | 10:20 | 西向日 | 10:32 | 100001 |
| 70285291 | 2022/10/6 | 上新庄 | 10:23 | 春日野道 | 11:25 | 100002 |
| 70286132 | 2022/10/6 | 青木 | 11:00 | 千船 | 11:30 | 100003 |
| 70288923 | 2022/10/6 | 杭瀬 | 12:22 | 青木 | 12:55 | 100003 |
| 70289255 | 2022/10/6 | 西向日 | 13:20 | 東向日 | 13:25 | 100001 |
| 70290082 | 2022/10/6 | 東向日 | 15:12 | 長岡天神 | 15:22 | 100001 |

**図 6.3**　マスターデータとトランザクションデータの例

精緻な分析を実施するためには，日々の差分データ作成もしくは，定期的なデータの保管などデータ分析のためのデータ収集要件が業務等の一次利用でのデータ収集要件に加えて必要になる場合もある。特にデータ基盤を新たに構築する場合には，顧客マスターデータをはじめとした，マスターデータの履歴管理を徹底する必要がある。

### 6.2.4　データの検証

受領データの形式についての検証が終わり，データマートへの実装ができれば，内容に対する検証を実施する。この検証では，受領データが正しいと思われる内容を記録しているのか，あるいは使用を想定している分析手法の適用のための要件を満たしているかを確認する必要がある。受領データの内容の確認では

①　**外部キー**の参照先に対応するキーがあるか

②　全体のデータ数および欠損数

③　各項目でのNULL（空白・欠損）ではないデータの数の把握

④　各項目がとる値域（最大値・最小値）や分布（ヒストグラム）が適正か

⑤　集計値が他の環境で集計されたものと同じか

⑥　想定通りの相関がみられるか

などを確認する。これらの項目は，現状理解・問題把握フェーズでの初回レポートや新たにデータを受領した際のレポート項目にも含まれるべき内容となっている。

①では，必要なマスターデータが実装できているかを確認する。データマートがRDBに実装されている場合はSQLを用いて対象データにマスターデータを**INNER JOIN**（**内部結合**）したものと**LEFT OUTER JOIN**（**左外部結合**）の比較を行うことで，マスターデータに必要なキーが存在しているかを確認し，不備がないかを検証する（**図6.4**）。

②～⑥により，データの基本的な統計量をまとめておくことは，データ提供者の想定との乖離や，データ受け渡し前後の処理により正しく実装できていな

①顧客マスターデータ

| 顧客番号 | 氏名 | 年齢 | 性別 | 郵便番号 | 電話番号 |
|---|---|---|---|---|---|
| 100001 | 長岡　向 | 25 | 男 | 737-0340 | 08-984-6 ●●● |
| 100002 | 新庄　春日 | 21 | 男 | 330-0320 | 06-200-0 ××× |
| 100004 | 岡本　梅 | 85 | 女 | 767-0350 | 080-550-2 △△△ |

②トランザクションデータ

| トランザクション番号 | 日付 | 乗車駅 | 乗車時刻 | 降車駅 | 降車時刻 | 顧客番号 |
|---|---|---|---|---|---|---|
| 70284771 | 2022/10/6 | 長岡天神 | 10:20 | 西向日 | 10:32 | 100001 |
| 70285291 | 2022/10/6 | 上新庄 | 10:23 | 春日野道 | 11:25 | 100002 |
| 70286132 | 2022/10/6 | 青木 | 11:00 | 千船 | 11:30 | 100003 |
| 70288923 | 2022/10/6 | 杭瀬 | 12:22 | 青木 | 12:55 | 100003 |
| 70289255 | 2022/10/6 | 西向日 | 13:20 | 東向日 | 13:25 | 100001 |
| 70290082 | 2022/10/6 | 東向日 | 15:12 | 長岡天神 | 15:22 | 100001 |

**②に①を LEFT OUTER JOIN（左外部結合）した結果**

| トランザクション番号 | 日付 | 乗車駅 | 乗車時刻 | 降車駅 | 降車時刻 | 顧客番号 | 氏名 | 年齢 |
|---|---|---|---|---|---|---|---|---|
| 70284771 | 2022/10/6 | 長岡天神 | 10:20 | 西向日 | 10:32 | 100001 | 長岡　向 | 25 |
| 70285291 | 2022/10/6 | 上新庄 | 10:23 | 春日野道 | 11:25 | 100002 | 新庄 春日 | 21 |
| 70286132 | 2022/10/6 | 青木 | 11:00 | 千船 | 11:30 | 100003 | | |
| 70288923 | 2022/10/6 | 杭瀬 | 12:22 | 青木 | 12:55 | 100003 | | |
| 70289255 | 2022/10/6 | 西向日 | 13:20 | 東向日 | 13:25 | 100001 | 長岡　向 | 25 |
| 70290082 | 2022/10/6 | 東向日 | 15:12 | 長岡天神 | 15:22 | 100001 | 長岡　向 | 25 |

**①と②を INNER JOIN（内部結合）した結果**

| トランザクション番号 | 日付 | 乗車駅 | 乗車時刻 | 降車駅 | 降車時刻 | 顧客番号 | 氏名 | 年齢 |
|---|---|---|---|---|---|---|---|---|
| 70284771 | 2022/10/6 | 長岡天神 | 10:20 | 西向日 | 10:32 | 100001 | 長岡　向 | 25 |
| 70285291 | 2022/10/6 | 上新庄 | 10:23 | 春日野道 | 11:25 | 100002 | 新庄 春日 | 21 |
| 70289255 | 2022/10/6 | 西向日 | 13:20 | 東向日 | 13:25 | 100001 | 長岡　向 | 25 |
| 70290082 | 2022/10/6 | 東向日 | 15:12 | 長岡天神 | 15:22 | 100001 | 長岡　向 | 25 |

**図 6.4**　LEFT OUTER JOIN と INNER JOIN の例

いケースなどがないかを確認するうえで重要な項目となる。これらの項目で，あらかじめ仕様に規定されていない想定外の結果が出た場合には，データ抽出時，受け渡し時，変換時，実装時のいずれかでの欠損等が疑われるため，上流に順にさかのぼって，タスクの手順を確認することになる。この結果，カラムの取り違え，データの抽出範囲の取り違えなどの単純なミス等がある場合，異常値除去などの必要なデータクレンジングがある場合等では，仕様を再度確認する必要がある。仕様の記載が不十分な場合は，データ提供元への確認作業が必要となることもある。

## 6.3　現状理解・問題把握の分析

現状理解・問題把握フェーズのデータ分析の目的は，データラボがプロジェクトの対象を理解したうえで，プロジェクト実施上の課題を明らかにし，プロジェクト推進者と，対象や課題について共通理解のベースラインを形成することである。このための手順として，試行錯誤を前提とした探索的分析であるEDAやクラスタリング等の教師無し学習を用いた分析を行う。**EDA** は

(a) データに記録されている現象の理解
(b) データの可視化による表現
(c) 仮説の生成や構築するモデルのフレームワークの選択のための情報収集
(d) モデル等の性質の影響を受けない，できる限り頑健な分析
(e) どのような方法を選択するのが好ましいのか，分析手法に求められる要件の抽出

に重点を置く分析である（引用・参考文献61）による定義を一部意訳）。つまり，EDAでは，課題設定フェーズに至る前に必要な情報を収集し，データ活用の対象や仮説，効果的な結果を得るために必要なモデルや方法に関する要件を定義することを目的に，データを多角的に観察することが求められる。

EDAでは

• 記述統計量の算出

• 可視化（ヒストグラム・散布図・時系列等）
• 相関と関連性の記述
• クロス集計

を実施し，さらに着目する対象を絞りこんだうえで，同様の分析を行うことにより，対象全体やその部分集合に対する特徴を把握していく手順をとる。分析対象となる部分集合を得る方法には，ヒストグラムを用いた重要指標による分割や，より多くのデータ項目を考慮するクラスタリング等の教師無し学習を用いたセグメンテーション等がある（**図6.5**）。

**可視化**の方法は

• 棒グラフ
• 折れ線グラフ
• 箱ひげ図
• ヒストグラム
• 散布図
• ヒートマップ
• サンキーダイアグラム

などが用いられることが多い。可視化を中心とした分析では，2変量までの分析が中心となり，代表的な関係性を持つ変数を把握することには役立つが，より多くの次元の変数の関係やカテゴリデータでの関係性を把握する際には適用が難しい。このような場合には，機械学習を用いたクラスタリングや次元削減等の手法を併用することが必要となる。代表的な手法には，k-means法などのクラスタリングや，PCA（principal components analysis），NTF（non-negative multiple tensor factorization），カーネル密度法などの**教師無し学習**の手法がある。どのような手法が活用可能かについては，データ数やデータの形式等によって決まる。例えばPythonのscikit-learnが提供するalgorithm cheat-sheet[62)] などを活用すると，どのようなアルゴリズムが適用可能かについて判別するための目安が得られる。なお，機械学習を用いた分析では，必要に応じて事前にデータの正規化，標準化，基準化等の前処理を実施すること

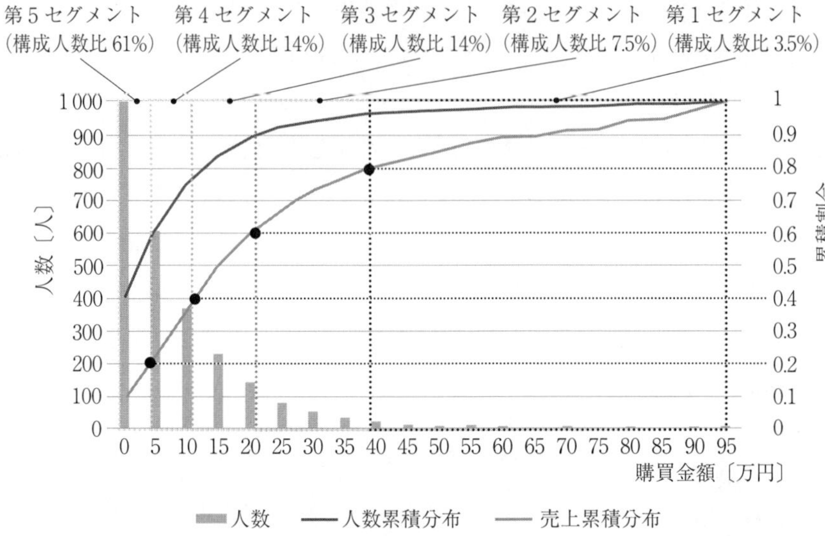


(a) ヒストグラムを用いたセグメンテーションの例

| | 低頻度<br>ユーザー<br>グループ | 商品A中心<br>ユーザー<br>グループ | 商品C中心<br>ユーザー<br>グループ | 高頻度<br>ユーザー<br>グループ |
|---|---|---|---|---|
| 構成比 | 73% | 2% | 21% | 4% |
| 代表購買<br>パターン | 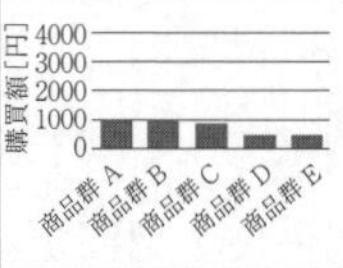 | 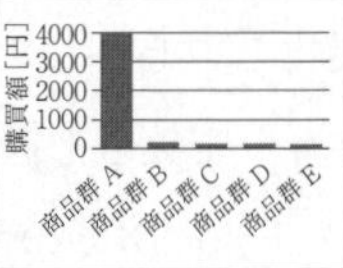 | 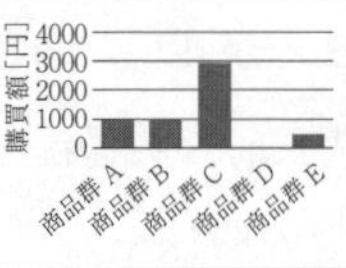 | 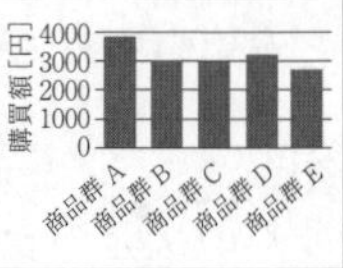 |



(b) クラスタリングによるセグメンテーションの例

**図 6.5**　セグメンテーションの例

が求められる。**正規化**とは該当カラムの値の範囲を0～1に調整することであり，**標準化**は平均が0，分散が1になるように調整するものである。この他にも，カラム間の相対的な順位が重要な場合にはパーセンタイル値等への変換を行うこともある。

## 6.4　検証・評価のための分析

### 6.4.1　課題解決方法の提案時の検証

課題解決方法の提案時に行う検証では，統計的仮説検定やシミュレーション等を活用することになる。仮説検定では，どの事象が確率的に生じる事象であるかを定義したうえで，どのような確率モデルに従うのかを仮定し，これに基づいてどのような仮説を検定するのかについて十分に吟味する必要がある。例えば，標本調査では，標本のランダムサンプリングを確率的な事象として捉えた確率モデルを定義したうえで，母数の推定等を行う。母数の推定に関連したパラメータ等が有意であるか等の評価には，t 検定などの仮説検定が一般的に用いられる。一方で，標本調査ではないビッグデータは，ランダムサンプリングに基づく確率モデルを適用できないことから，このような仮説検定を行うことは稀である。ビッグデータを対象として実施可能な検定の例としては，母集団の確率分布の同一性を検定するコルモゴロフ－スミルノフ検定，変数間の独立性を検定する $\chi$ 二乗検定などが用いられることが多い。

シミュレーションについては，原単位法を用いる簡易な試算から，交通シミュレーションのように数理モデルを演繹的に用いる手法に至るまで，さまざまな方法が想定される。これらの手法を適用するためには，課題の対象となる事象に対する一般的な理解だけでなく，対象が持つ物理法則や，その物理法則を表現する数理モデルの理解は欠かせない。これらのモデルは必ずしも，一般的なデータ分析の範疇に留まることはなく，該当分野の専門知識を持った人材とともに，適切なツールの選定と手法の適応を行う必要がある。

### 6.4.2　モデルの評価

施策の実施時のデータ活用では，予測・推定・補完・分類・検出等を行い，精緻化や自動化をはかり，業務の改善等に役立てる。この時，活用が想定される手法は，離散選択モデルや状態空間モデルなどの統計手法，SVM（supported vector machine）や Random Forest などの機械学習，RNN（recurrent neural network）や GAN（generative adversarial network）などを用いた各種ディープラーニングなどがあり，対象や目的に応じた手法の選択が必要である。施策の評価・検証では，これら予測・推定・補完・分類・検出等に用いるモデル自体の精度等の評価に加えて，モデルを適用した施策の効果も評価する必要がある。

モデルの精度評価では，施策に適用する前の事前評価と施策後に実施する事後評価を実施する必要がある。事前評価では，過去に収集したデータを用いて精度評価を行う必要があり，事後評価は施策に適用したデータを用いた評価を行う。事後評価に用いるデータは，過去データを学習データとして，施策実施時に収集されたデータをテストデータとして用いて評価指標を算出し，評価を行う。一方で，事前検証では，モデルの学習データと検証データが同一の場合，過学習の状態を評価できないことから，適切なデータの分割が必要となる。データの分割にはクロスバリデーション法を用いるが，適用する対象によって適用の方法が異なる。

データ活用の用途が補完や分類など，時間的な変化が伴わないものに適用する場合は，一般的な**クロスバリデーション法**として，次のような手順に従う（**図 6.6**）。まず，データセットを K 個に分割したうえで，分割したうちの一つのデータを順次引き抜いてテストデータを生成し，そのほかのデータを学習データとして用いる。引き抜くデータを替え，K 個の学習データとテストデータのペアを作成し，K 回の学習と評価の平均値を精度として評価する。

予測等に用いる時系列データを対象とする場合には，過去の状態に依存したモデルを構築することから，上記の単純な抽出を行うことが難しい。そこで，このようなデータには，学習に用いるデータの期間をずらしながら評価を行うエクスパンディング法やローリング法を用いる（**図 6.7**）。**エクスパンディング法**は，学習データの期間を延ばしていくことで，検証データの対象期間をずらし，評価を行う方法である。この方法では，検証データの期間によって，学習

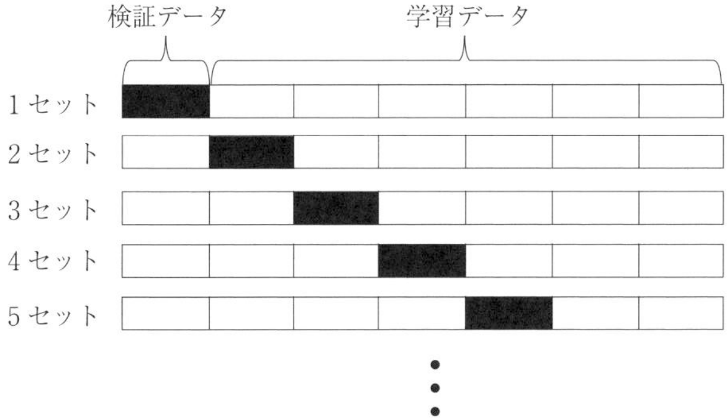


**図 6.6**　クロスバリデーションのためのデータ抽出

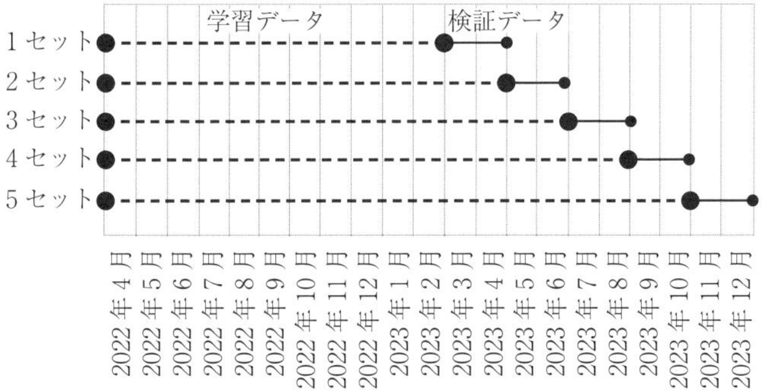


(a) エクスパンディング法

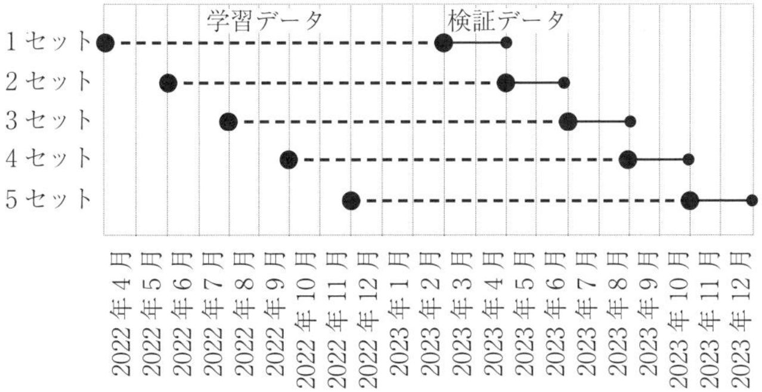


(b) ローリング法

**図 6.7**　時系列データのクロスバリデーションのためのデータ抽出

データに用いる期間長が異なる点に留意が必要である。データ活用の実施時にもデータを収集し，学習データに加えていくような運用を想定している場合には，この方法で評価する。**ローリング法**では，学習データに用いるデータの期間長を固定し，過去のデータから順次，学習データとテストデータのペアを作成し評価する方法である。この方法では，学習データの期間が一定のため，期間によるデータ数の違いは生じにくい。一方で，データの全体期間が短い場合には，十分なデータ量を学習データに割り当てて複数の学習データと検証データのペアをつくることが難しいという難点がある。

### 6.4.3　モデル評価のための指標

モデル等の検証での指標は，連続的な数値の場合と性別などのカテゴリ変数に対する評価で用いる指標の体系が異なる。連続値の評価には，**RMSE**（root mean squared error）

$$\mathrm{RMSE} = \sqrt{\sum_{i=1}^{N} \frac{(\widehat{y}_l - y_i)^2}{N}}$$

や，**MAE**（mean absolute error）

$$\mathrm{MAE} = \left| \sum_{i=1}^{N} \frac{(\widehat{y}_l - y_i)}{N} \right|$$

などが一般的に用いられる。誤差が正規分布に従うと仮定できるのであればRMSEの評価が適切である一方で，RMSEは正規分布ではない場合に外れ値の影響を受けやすい。このため，外れ値に対して頑健なMAEが用いられることが多い。

カテゴリ変数等の二項分類に対する精度の評価指標としては，正解率（accuracy），適合率（precision），再現率（recall），F値を用いることが多い。この評価では，はじめに，指標の算出に必要な，**正検出**（TP: true positive），**誤検出**（FP: false positive），**未検出**（FN: false negative），**正未検出**（TN:

true negative) を定義する。正・負のカテゴリがある場合に

TP は，真値が正であるときに推定値も正となる場合

FP は，真値が負であるときに推定値が正となる場合

TN は，真値が負であるときに推定値も負となる場合

FN は，真値が正であるときに推定値が負となる場合

であり，**混同行列**（図 6.8）として表現できる。

| | | 真の状態 | |
|---|---|---|---|
| | | 正 | 負 |
| 推定結果 | 正 | TP | FP |
| | 負 | FN | TN |

**図 6.8**　混同行列

この時，**正解率** Accuracy は

$$\mathrm{Accuracy} = \frac{\mathrm{TP}+\mathrm{TN}}{\mathrm{TP}+\mathrm{FP}+\mathrm{TN}+\mathrm{FN}}$$

であり，試行全体で正しく検出した割合を示す指標である。

**適合率** Precision は

$$\mathrm{Precision} = \frac{\mathrm{TP}}{\mathrm{TP}+\mathrm{FN}}$$

であり，真値が正のカテゴリのものをどれだけ正しく検出できたかを示すものである。

**再現率** Recall は

$$\mathrm{Recall} = \frac{\mathrm{TP}}{\mathrm{TP}+\mathrm{FP}}$$

であり，検出した推定結果のなかにどれだけ正しい検出結果が含まれているかを示している。

**F1 スコア**は，適合率と再現率の調和平均

$$\mathrm{F1} = \frac{2(\mathrm{Precision} \times \mathrm{Recall})}{\mathrm{Precision} + \mathrm{Recall}}$$

で定義されており，適合率と再現率のどちらも大きいときにスコアが大きくなる性質があり，モデルの正しさを総合的に評価する指標となっている。

カテゴリが多項分類になる場合は，microF1，macroF1を用いる。**macroF1**は，カテゴリ数を$C$とし，カテゴリ$i$に関しての正・負によって算出した適合率，再現率である$\mathrm{Precision}_i$，$\mathrm{Recall}_i$を定義する。これに基づき算出したカテゴリ$i$のF1スコアは

$$\mathrm{F1}_i = \frac{2(\mathrm{Precision}_i \times \mathrm{Recall}_i)}{\mathrm{Precision}_i + \mathrm{Recall}_i}$$

となり，カテゴリごとのF1スコアの平均値

$$\mathrm{macroF1} = \sum_{i=1}^{C} \frac{\mathrm{F1}_i}{C}$$

を得ることができる。一方，**microF1**は

$$\mathrm{microF1} = \frac{2(\mathrm{Precision} \times \mathrm{Recall})}{\mathrm{Precision} + \mathrm{Recall}}$$

と定義でき，すべてのカテゴリに対しての正・負に関して，分け隔てなくPrecision，Recallを算出し，一括してF1スコアを求めたものであり，モデル全体の性能を示すものとなっている。

## 6.5 施策の検証

施策の検証には，A/Bテストの実施による単純な仮説検定だけでなく，状況に応じてDID（difference-in-differences）やCausal impactなどの因果推論を適用する。これらの手法の検証への適用の可否は，施策の実施条件やデータの収集条件により異なる。本節では例とともに詳述する。

### 6.5.1 A/Bテスト

**A/Bテスト**は，施策対象のグループをコントロールグループとテストグループの2群に分け，テストグループにのみ施策を実施し，コントロールグ

ループを基準として施策による差が発生するかを観測することで施策の効果を測定する手法である。メールマガジンの配信での改善施策を例にとると，従来の標記と新たな標記のメールマガジンのどちらが開封率や購買行動の発生率（これを「反応」と呼ぶ）に効果があるかを検証する場合に用いる。この場合，コントロールグループには従来通りのメールを配信し，テストグループには新しい標記のメールを配信することで検証を行う。

より具体的な A/B テストの例（**表 6.1**）としては，「A グループに 100 円のクーポンが付いたメールを 1 000 通，B グループに 150 円のクーポンが付いたメールを 1 000 通送ったときに，それぞれ 200 件と 220 件のクーポンの利用があった。100 円のクーポンを 150 円にすることに効果があったかを検証したい」というものがあり得る。この場合は，独立性を検定する $\chi$ 二乗検定を用いるのが一般的である。

帰無仮説：グループと反応の有無は独立である

（A グループと B グループの反応には差がない）

対立仮説：グループと反応の有無は独立であるとはいえない

（A グループと B グループの反応には差がないとはいえない）

として帰無仮説を棄却することができるかを検定することで，A，B のグループの反応に有意な差がみられたかを評価することができる。

- A 群

  送付数：$n_A = 1\,000$

  反応数：$k_A = 200$

**表 6.1** A/B テストの例

| 施策対象 ＼ 反応の有無 | A グループ | B グループ | 合　計 |
|---|---|---|---|
| 反応あり | 200 | 220 | 420 |
| 反応なし | 800 | 780 | 1 580 |
| 合　計 | 1 000 | 1 000 | 2 000 |

- B群

　送付数：$n_B = 1\,000$

　反応数：$k_B = 220$

期待反応確率は

$$p = \frac{k_A + k_B}{n_A + n_B}$$

である。各グループの反応率は

$$p_A = \frac{k_A}{n_A}$$

$$p_B = \frac{k_B}{n_B}$$

であり，$\chi^2$ 値は

$$\chi^2 = \sum_{i \in \{A,B\}} \frac{(n_i p_i - n_i p)^2}{n_i p}$$

と定義できる。具体的な数値を代入すると

$$\chi^2 = \frac{(n_A p_A - n_A p)^2}{n_A p} + \frac{(n_B p_B - n_B p)^2}{n_B p}$$
$$= \frac{(200 - 210)^2}{210} + \frac{(220 - 210)^2}{210} = \frac{20}{21} = 0.952$$

となる。この時の $p$ 値は

　p-value = 0.27

となる。有意水準を $\alpha = 5\%$ とした場合，p-value = 0.27 > $\alpha$ となっており，帰無仮説を棄却できない。したがって，このA/Bテストでは，有意な差が認められないという結果となる。つまり，偶然，Bでの反応がAグループの反応を上回ったということを否定することは難しいということになり，Bグループに与えた150円のクーポンが有効であるとはいえないという結果を得ることができる。

### 6.5.2 DID

**DID** は，「**差分**《さぶん》**の差分法**《さぶんほう》」と呼ばれる手法である[63)]。A/B テストは，施策への反応があったかなかったかを直接観測し，その反応数の差を求めることで施策の効果を検証することができた。DID をはじめとする因果推論の手法は，施策の実施時にこのように 2 群には分けられない場合に仮想的にコントロールグループとテストグループを設定し，時間による変化の差などから，施策の効果を推定する方法である（**図 6.9**）。最も単純な例では，店舗 A の陳列を変えた効果を測定する場合がある。この場合，店舗 A の利用者を 2 群に分けてコントロールグループを設定し，改装前・改装後の利用の差を見ることは難しい。また，単純な前後比較では，改装前後の利用が改装の効果と季節変動などの外的な要因の時系列変化の両方の影響を受けてしまう。そこで，店舗 A の before/after の差に加えて，改装を行っていない近隣の店舗 B の同時期の差を見ることで，with/without である改装の効果による差が見られるかを判断しようという枠組みとなっている。

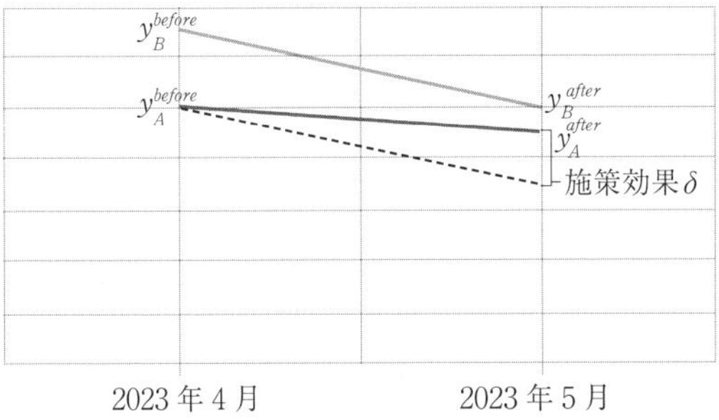


**図 6.9** 差の差分法の概念

DID の具体的な例を示す。店舗 A の改装前の 1 ヵ月の来店人数を $y_A^{before} = 1\,000$，改装後の来店人数を $y_A^{after} = 900$ とし，同時期の店舗 B の来店人数をそれぞれ，$y_B^{before} = 1\,300$，$y_B^{after} = 1\,000$ とする。店舗 A のデータのみを見ると，店舗 A は改装前後で来店人数を減らしており，改装の効果はないように見える。ここで差分の差分を適用すると

$$
\begin{aligned}
\delta &= \left(y_A^{after} - y_A^{before}\right) - \left(y_B^{after} - y_B^{before}\right) \\
&= -100 - (-300) = 200
\end{aligned}
$$

となり，外的な要因の時系列変化が店舗A，Bで同一と仮定すれば，改装には来店人数を200人増加させる効果があったという結論を得ることができる。

### 6.5.3　Causal Impact

A/BテストやDIDでは，施策を実施する対象に加えて，同様の振る舞いをする対象が存在することが前提となっている。しかし，効果検証を行う対象によっては，対象を分割したり，同様の振る舞いをする比較対象を見つけ出すことが困難な場合もある。DIDの例では，施策を行う店舗Aに加えて評価のために少なくとも施策を行わない1店舗（前節の例では店舗B）のデータが必要であったが，近隣に店舗がない場合や，そもそもデータ収集可能な店舗が1店舗しかない場合もある。Causal impactでは，観測できない反実仮想の結果を時系列モデルにより予測し，予測結果との比較による効果測定を行う（**図6.10**）。

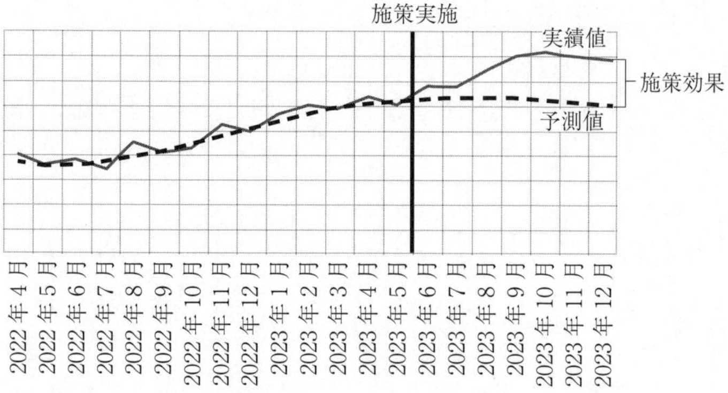


**図6.10**　Causal impactの概念

Causal impact[64)]は，状態空間モデルの一種であるベイズ構造時系列モデル（bayesian structural time-series models）を用いて，評価対象の過去の観測データから時系列モデルを生成する。このモデルによる予測値を反実仮想とみなし，何らかの施策の介入を行った観測データと比較することで，介入の効果計測をする手法である。例えば，上記の例で示した，店舗Aでの施策評価では，過去数年間のデータがある場合，これをインプットとして時系列モデルを推定する。推定したモデルを用いて，施策（改装）実施後の観測値を予測し，その予測値と改装後の観測値を比較することで施策の効果を評価するモデルとなっている。

# 7章
# 集計・可視化の実践例

本章では，6章に示したデータ分析の実践の事例を示し，読者の理解を助けることを目的とする。具体的には，Python を用い，「**Queensland Household Travel Survey—2020-21**[65]」のデータを用いて，可視化および可視化のためのデータ処理に必要なコードと出力結果を紹介する。

## 7.1　分析データと環境

分析に用いる「Queensland Household Travel Survey—2020-21」は，オーストラリアのクイーンズランド州の The Department of Transport and Main Roads が 2020 年に実施した交通需要調査である。サンプリングによって抽出した居住者の複数日の交通行動をアンケートにより収集したものであり，出発・到着場所，出発・到着時刻，それぞれの場所での活動などを記録している。

本データは，「The Queensland Government Open Data portal」において，「**Creative Commons Attribution 4.0（CC BY 4.0）**」のライセンスで提供されるオープンデータである。適切なクレジット表示と資料の改変を表示することを条件として，資料の複製・再配布・改変等が可能なデータである。ファイル形式は，Microsoft Access 形式で提供されているため，本書では，調査対象者のマスターテーブルである「2_QTS_PERSONS」と，調査対象者の一日の移動歴を示す「5_QTS_TRIPS」の 2 テーブルを csv ファイルに変換したうえで使用した。

分析環境として，Anaconda[41] を利用して導入した Jupyter Notebook[33] を使用している。分析に用いるパッケージは，**表 7.1** の通りである。各関数の詳細な使い方や引数については，各パッケージのドキュメントを参照されたい。

**表 7.1**　パッケージ一覧

| パッケージ名 | 説明 |
|---|---|
| pandas | データの読込・検索・操作・集計等を行えるデータフレーム |
| ydata-profiling | pandas に読み込まれたデータを対象とする，インタラクティブな環境で EDA（exploratory data analysis[8]）の実施環境 |
| matplotlib | 2 次元の図表の作図ツール |
| seaborn | matplotlib での作図のための補助ツール |
| ipysankeywidget[66] | IPython / Jupyter 上でサンキーダイアグラムを作図するツール |
| ipywidgets[67] | IPython / Jupyter 上でのウィジット（ipysankeywidget の設定のために使用） |

本章では，7.2 節で「2_QTS_PERSONS」に対する ydata-profiling を用いたデータの実装の確認および基礎分析方法を示したのち，7.3 節で「5_QTS_TRIPS」を対象とした可視化や集計の例を示す。集計処理を行わず，実施する基礎的な可視化として

- ヒストグラム
- 散布図
- ヒートマップ

を示したのち，簡単な集計の例と集計値を表示するための

- 棒グラフ
- 折れ線グラフ
- 箱ひげ図

の例を示す。さらに，クロス分析を実施し，時間的な前後関係があるクロス分析に用いる

- サンキーダイアグラム

について紹介する。

## 7.2 ydata-profilingを用いたExploratory Data Analysis

**ydata-profiling**では，図7.1のように，ファイルをデータフレームとして，pandasに読み込み，これをydata-profilingのProfileReport()に読み込ませることで，インタラクティブな集計結果を表示するとともに，htmlとして保存し，ブラウザ等でのインタラクティブな操作で確認することができる。

```
# パッケージの読み込み
import pandas as pd
import ydata_profiling as pdp

# ファイルの読み込み
df = pd.read_csv('./2_QTS_PERSONS.csv’ )

# 実行とファイル出力
profile =pdp.ProfileReport(df)
profile.to_file("QTS_PERSONS.html")
```

**図7.1** ydata-profilingの実行

画面構成の一番初めに現れるOverview（**図7.2**）では，データ項目（変数）数（Number of variables），データ数（Number of observations），欠損率（Missing cells），重複率（Duplicate rows），データサイズ（Total size in memory, Average record size in memory），データ種別（Variable types）な

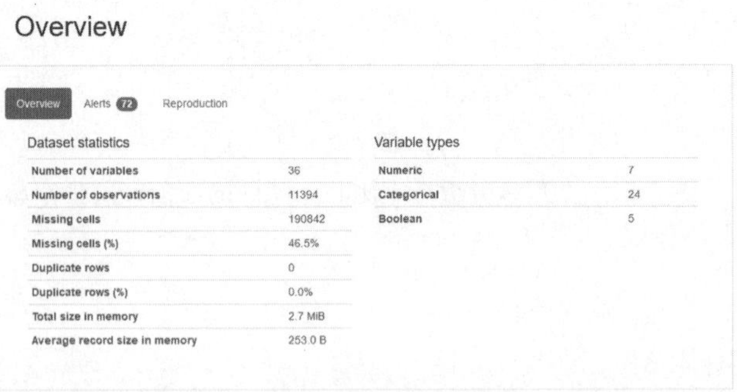


**図7.2** ydata-profilingによるOverview

ど，データ全体の概要や実装状況を把握することができる。

Variables（**図7.3**）では，それぞれの項目でのデータのユニーク数（Distinct），欠損数（Missing），無限の数（Infinite），平均（Mean），最小値（Minimum），最大値（Maximum），ゼロ（Zeros），負数（Negative）等の統計量を，ヒストグラムとともに確認することができる。

Interactions（**図7.4**）では，変数間の関係を，Correlations（**図7.5**）では，変数間の相関をスピアマンの順位相関係数（Spearman's $\rho$），ピアソン相関係数（Pearson's r），ケンドールの順位相関係数（Kendall's $\tau$），クラメールの連関係数（Cramer's V），ファイ係数（PhiK）で指標化したものを，それぞれヒートマップで確認することができる。

Missing values（**図7.6**）では，それぞれのデータの欠損数をグラフで確認したり，欠損状況の詳細をヒートマップによって確認することができる。

**図7.3**　ydata-profilingによるデータ項目の概要

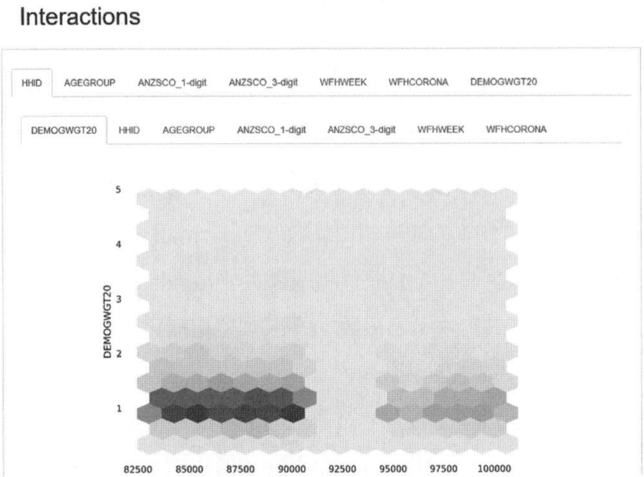


**図 7.4**　ydata-profiling によるデータ項目間の関係の表示

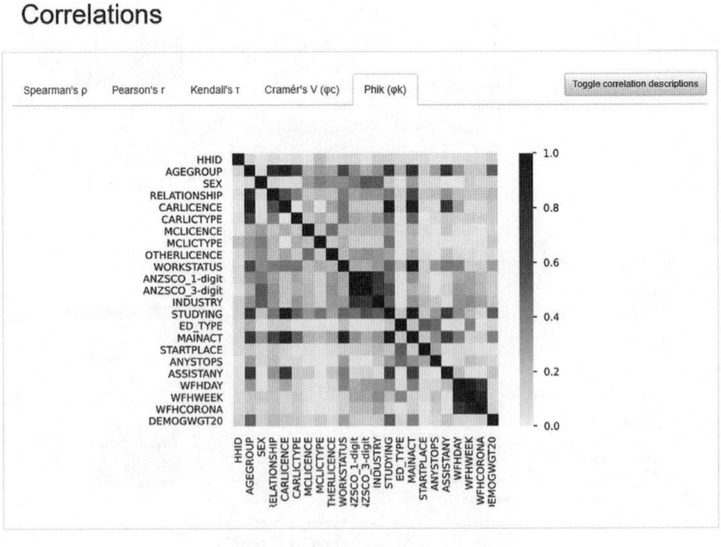


**図 7.5**　ydata-profiling によるデータ項目間の相関の表示

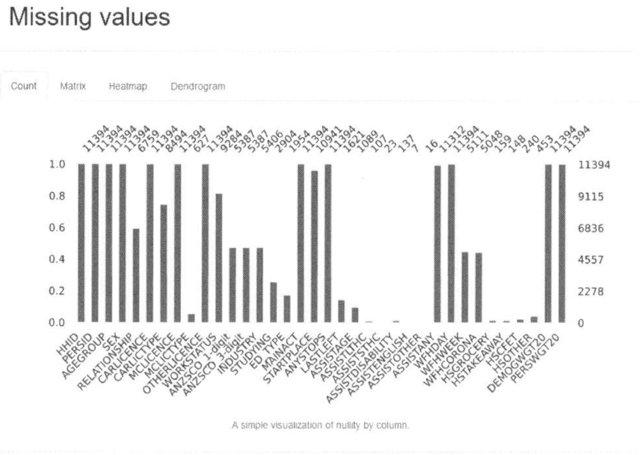


**図 7.6**　ydata-profiling によるデータ項目ごとの欠損値の表示

一括して表示できる項目は，データの実装状況の確認および基礎統計として必ず確認すべき項目であり，現状理解・問題把握フェーズのレポートに必要な項目である。

## 7.3　集計と可視化

### 7.3.1　パッケージとファイルの読み込み

**図 7.7** は，調査対象者の移動履歴が記録されたデータセットである「5_QTS_TRIPS」を読み込み，集計や可視化を行うための基本的なデータ処理を示している。

冒頭部分で，必要なパッケージを import したのち，pandas によってデータフレーム dft に対象データを読み込んでいる。データ処理では，「時刻・時間の単位変換」，「トリップ順序の取り出し」を行っている。

「5_QTS_TRIPS」で，出発・到着時刻をそれぞれ記録した「STARTIME」，「ARRTIME」は，4 時を起点とした分単位の経過時間で記載されているが，可視化の際の可読性を高めるために時単位の整数値の時刻に変換する。ま

```
# パッケージの読み込み
import pandas as pd
import matplotlib.pyplot as plt
import seaborn as sns
from ipysankeywidget import SankeyWidget
from ipywidgets import Layout

# ファイルの読み込み
dft = pd.read_csv('./5_QTS_TRIPS.csv')

# 時刻を分単位から時単位に変換
dft["STARTHOUR"]=dft["STARTIME"].div(60).add(4)
dft["STARTHOUR"]=dft["STARTHOUR"].astype('int')
dft["ARRIVEHOUR"]=dft["ARRTIME"].div(60).add(4)
dft["ARRIVEHOUR"]=dft["ARRIVEHOUR"].astype('int')
dft["DURATIONHOUR"]=dft["DURATION"].div(60).fillna(0)
dft["DURATIONHOUR"]=dft["DURATIONHOUR"].astype('int')

# トリップ番号の末尾3桁から個人ごとのトリップ順序を取り出し
dft["SEQ"]=dft["TRIPID"].sub(dft["TRIPID"].div(1000).\
astype('int64').mul(1000))
```

**図 7.7**　可視化に必要なパッケージとデータの取り込みおよびデータ処理

た，目的地での滞在時間を記録した「DURATION」についても同様に時単位の整数値に変換する。各調査対象者の移動を構成するトリップの識別子「TRIPID」は，各調査対象者の識別子である整数と，トリップの実施順序を示した3桁の整数で構成されている。トリップの実施順序を取り出すため，「TRIPID」の下位3桁の取り出しを行った。

### 7.3.2　分布の可視化

**図 7.8** は，データ項目ごとの分布を確認するために用いる**ヒストグラム**を描画するサンプルコードと表示例である。データフレーム dft に読み込んだデータから，前項の処理で得た出発時刻「STARTHOUR」の項目を対象にヒストグラムを描画した。本書では，ヒストグラムの可読性を高めるため，データの

```
# グラフの描画を開始
fig = plt.figure()
figa = fig.add_subplot(1,1,1)

# ヒストグラムにデータと bin の数を設定し，描画する
# ※ alpha はグラフの透明度を示す。
n, bins, patches = figa.hist(dft[["STARTHOUR"]],bins=24,\
color='0.7')

# 累積グラフを描画する
figb = figa.twinx()
figb.plot(bins[:-1] +(bins[1]-bins[0])/2,n.cumsum()/\
n.sum(),marker=".",ms=10, color='0')

# ラベル・グラフタイトルを設定する
figa.set_xlabel("Hour")
figa.set_ylabel("Number of Trips")
figb.set_ylabel("Cumulative Distribution")

figa.set_title("Histogram")

#x 軸の表示を整数にする
xticks = figa.get_xticks()
xticklabels=[f"{int(x):,}" for x in xticks]
figa.set_xticks(xticks)
figa.set_xticklabels(xticklabels)
```

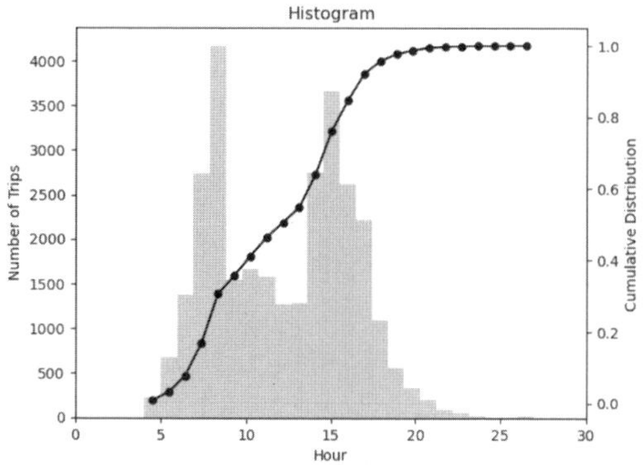


図 7.8　出発時刻のヒストグラム

分布と累積分布を同時に描画する処理を行う。ヒストグラムの描画処理では，plt.figure() で matplotlib を用いて白紙のグラフ「fig」を用意した後，fig.add_subplot() でグラフの表示領域「figa」を確保する。「figa」に対し，figa.hist() を用いてヒストグラムを描画する。figa.hist() の引数は，表示するデータ，ヒストグラムの集計単位であるビンの数，表示色を設定する。累積分布は，グラフの表示領域「figb」を確保して，各ビンの値を足し上げる処理を記述し，描画する。データの描画処理のあと，グラフの各ラベル，軸を設定する。

**図 7.9**，**図 7.10** に，データ項目間の関係を確認するために用いる**散布図**とヒートマップを描画するためのサンプルコードと表示例を示す。散布図は，pandas によって作成したデータフレーム dft から直接 dft.plot.scatter() をデータ項目や色等を指定して呼び出すことで描画できる。**ヒートマップ**の描画で

```
# グラフの描画を開始
figa = dft.plot.scatter(x='STARTHOUR', y='DURATION',\
color='0.7)
figa.set_ylim(0,dft[["DURATION"]].max().values[0])

#x 軸の表示を整数にする
xticks = figa.get_xticks()
xticklabels=[f"{int(x):,}" for x in xticks]
figa.set_xticks(xticks)
figa.set_xticklabels(xticklabels)
```

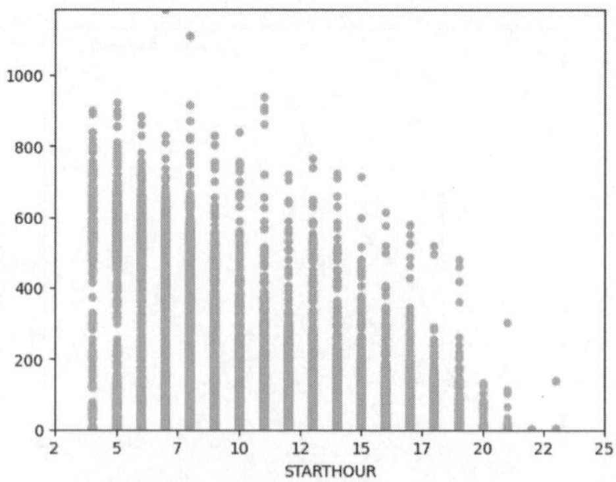


**図 7.9**　出発時刻と滞在時間の散布図

```
dfp=pd.crosstab(dft.query("DURATIONHOUR>0")["DURATIONHOUR"],\
dft["STARTHOUR"])

#seabornを使ったヒートマップの描画
figa=sns.heatmap(dfp.sort_values("DURATIONHOUR",\
ascending=False),cmap="Greys")
figa.collections[0].colorbar.set_label('Number of Trips')
figa.set_title("Heatmap")
```

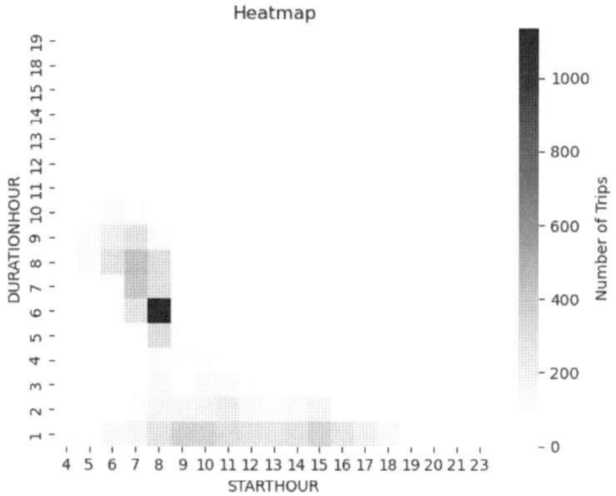


図 7.10　出発時刻と滞在時間のヒートマップ

は，pd.crosstabを用いたクロス集計を実施して，データフレームdfpを対象とする。サンプルコードでは，描画に必要な設定値の調整を容易にするため，seabornを用いており，sns.heatmap()にdfpを指定して描画する。なお，縦軸に表示する「DURATIONHOUR」を散布図と同様の順序にするため，降順への並べ替え処理を「dfp.sort_values("DURATIONHOUR", ascending=False)」として実施する。

散布図とヒートマップを比較すると，同様のデータ項目を表示しているのにもかかわらず描画内容が大きく異なることが確認できる。散布図では，同値のデータが重なって描画されるために情報量が失われ，データの全体像をうまく表現できていないためである。本例からは，本データのようにデータ量が多く，同値のデータが多く存在する場合には，ヒートマップを用いることが望ましいことが確認できる。

## 7.3.3　出発場所別トリップ数の集計と可視化

**図 7.11** は，データフレーム dft より，出発地の種別ごとに出発時刻別のト

```
# 時間帯，出発地の種類別トリップス数の集計
dftm =  dft[["TRIPID","STARTHOUR"]].groupby('STARTHOUR').\
count().rename(columns={'TRIPID': 'ALL'})
dftm["HOME"] =dft.query('ORIGPLACE=="My home"')\
[["TRIPID","STARTHOUR"]].groupby('STARTHOUR').count()
dftm["WORK"] =dft.query('ORIGPLACE=="My workplace"')\
[["TRIPID","STARTHOUR"]].groupby('STARTHOUR').count()
dftm["SHOP"] =dft.query('ORIGPLACE=="Shop or supermarket"')\
[["TRIPID","STARTHOUR"]].groupby('STARTHOUR').count()
```

| STARTHOUR | ALL | HOME | WORK | SHOP |
|---|---|---|---|---|
| **4** | 232 | 216 | 3 | NaN |
| **5** | 681 | 595 | 13 | 6.0 |
| **6** | 1382 | 1108 | 20 | 10.0 |
| **7** | 2740 | 2185 | 22 | 30.0 |
| **8** | 4167 | 2739 | 43 | 74.0 |
| **9** | 1546 | 838 | 57 | 197.0 |
| **10** | 1663 | 800 | 67 | 287.0 |
| **11** | 1583 | 525 | 85 | 415.0 |
| **12** | 1274 | 343 | 125 | 322.0 |
| **13** | 1285 | 390 | 136 | 269.0 |
| **14** | 2758 | 836 | 387 | 245.0 |
| **15** | 3662 | 532 | 613 | 247.0 |
| **16** | 2619 | 616 | 824 | 278.0 |
| **17** | 2226 | 530 | 641 | 241.0 |
| **18** | 1096 | 303 | 203 | 117.0 |
| **19** | 567 | 150 | 64 | 48.0 |
| **20** | 336 | 44 | 47 | 41.0 |
| **21** | 213 | 20 | 46 | 11.0 |
| **22** | 95 | 6 | 42 | 2.0 |
| **23** | 60 | 12 | 29 | 4.0 |
| **24** | 17 | 2 | 13 | NaN |
| **25** | 6 | 2 | 4 | NaN |
| **26** | 14 | 3 | 7 | NaN |
| **27** | 16 | 4 | 10 | NaN |

**図 7.11**　出発時刻・出発場所別トリップ数の集計例

リップ数を集計する例である。図中のコードの1行目は，出発地の種別を限定せず，「groupby('STARTHOUR').count()」とすることで，データ項目「STARTHOUR」の値ごとにレコード数を算出する。2行目以降は，「queryby('ORIGPLACE=="Myhome"')」のように，出発地の項目である「OLRIGPLACE」について，該当する種別を抽出してから，groupby()で集計することによって，出発地の種別を限定した集計を行う。なお，queryby()は，データフレームから引数の条件を満たす行を抜き出す関数であり，groupby()は，引数の項目ごとに集計を行う関数である。groupby()によってどのような

```
# グラフの描画を開始
figa = dftm.plot.line()

# ラベル・グラフタイトル・凡例を設定する
figa.set_xlabel("Hour")
figa.set_ylabel("Number of Trips")

figa.set_title("Line graph")
figa.legend()
```

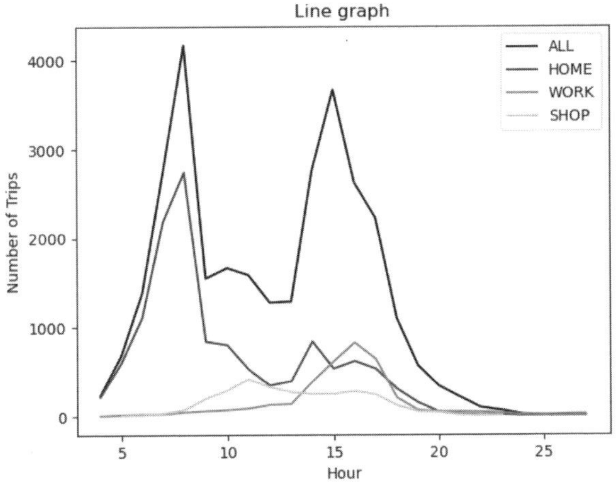


**図 7.12** 出発時刻・出発場所別トリップ数の折れ線グラフ

集計を行うかは，goroupby() に続いて呼び出す関数で定まる。例えば，count() は該当のデータ数を数える関数であり，mean() は該当のデータの平均値を求める関数である。**図 7.12**～**図 7.14** では，集計データを折れ線グラフ，棒グラフ，積み上げ棒グラフで可視化した例である。いずれも，集計データを格納したデータフレーム dftm から直接 plot 関数を呼び出すことで描画を実行している。

```
# グラフの描画を開始
figa = dftm.plot.bar(color=['0','0.25','0.5','0.75'])

# ラベル・グラフタイトル・凡例を設定する
figa.set_xlabel("Hour")
figa.set_ylabel("Number of Trips")

figa.set_title("Bar chart")
figa.legend()
```

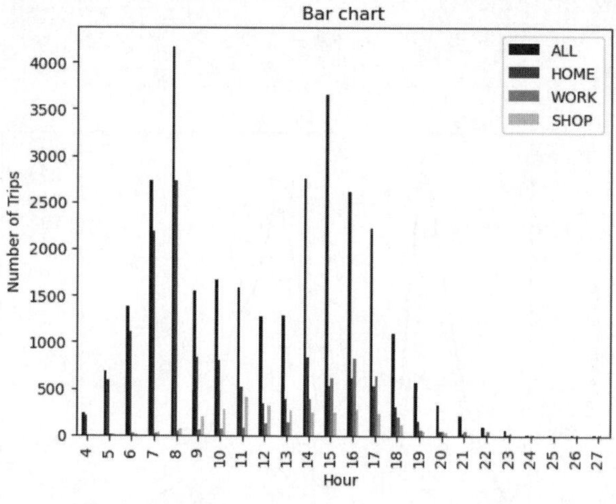


**図 7.13**　出発時刻・出発場所別トリップ数の棒グラフ

```
# グラフの描画を開始
figa = dftm[["HOME","WORK","SHOP"]].plot.bar(stacked=True,\
color=['0.25','0.5','0.75'])

# ラベル・グラフタイトル・凡例を設定する
figa.set_xlabel("Hour")
figa.set_ylabel("Number of Trips")

figa.set_title("Bar chart(Stacked)")
figa.legend()
```

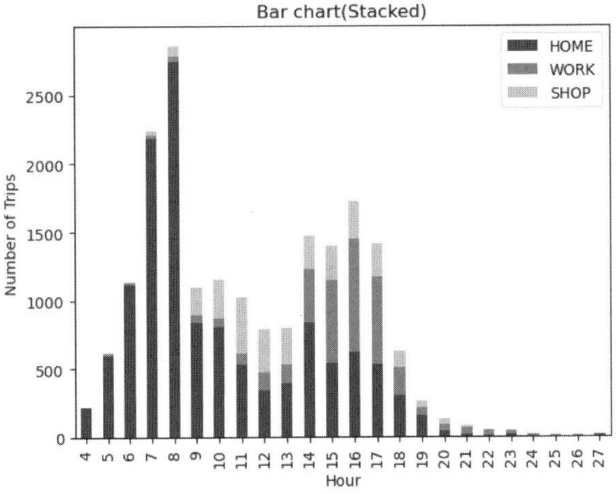


図 7.14　出発時刻・出発場所別トリップ数の積み上げ棒グラフ

## 7.3.4　出発場所別旅行時間の集計と可視化

図 7.15 は，複数の分布を比較する事例として，**箱ひげ図**を用いた分布の可視化を行った例である。データ抽出では，query() を用いて 7～8 時台もしくは，7 時台，8 時台それぞれの Work(my workplace) に向かうトリップを抽出し，データフレーム dftt に格納している。データフレーム dftt より，.boxplot() 関数を呼び出すことによって箱ひげ図を描画する。箱ひげ図の四角の範囲は第 1 四分位数，第 3 四分位数を示しており，両端は四分位範囲（IQR /

```
# 就業場所に向かう時間帯別トリップス数の集計
dftt = dft.query('STARTHOUR>=7 & STARTHOUR <=8 &\
DESTPURP=="Work (my workplace)"')\
   [["TRIPID","STARTHOUR","TRAVTIME"]].\
rename(columns={'TRAVTIME': 'ALL'})
dftt["7"] = dft.query('STARTHOUR==7 & DESTPURP==\
"Work (my workplace)"')[["TRAVTIME"]]
dftt["8"] = dft.query('STARTHOUR==8 & DESTPURP==\
"Work (my workplace)"')[["TRAVTIME"]]
```

```
# グラフの描画を開始
figa=dftt[["ALL","7","8"]].boxplot(patch_artist =\
True,color="0.75")

# ラベル・グラフタイトル・凡例を設定する
figa.set_xlabel("Hour")
figa.set_ylabel("Travel Time(min)")
figa.set_title("Box plot")
```

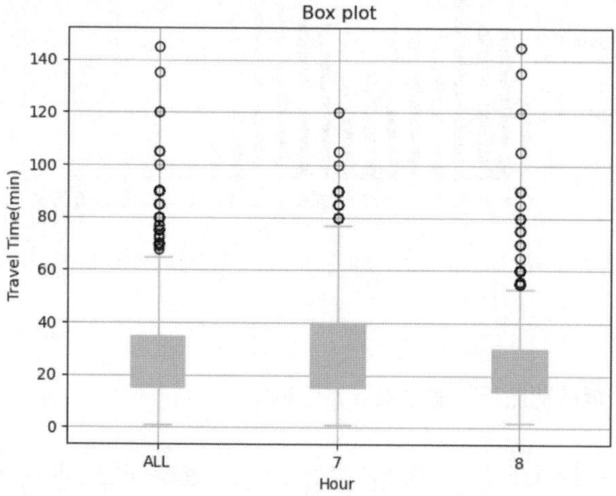


**図 7.15**　出発時刻別旅行時間分布の箱ひげ図による表示

Interquartile range）の 1.5 倍と最大もしくは最小値のうち，中央値に近いものを示している。四分位範囲の 1.5 倍より外側にあるデータは，外れ値として丸で表記されている。

### 7.3.5 トリップの遷移と可視化

トリップの出発地と目的地の関係のような，何らかのカテゴリの遷移を集計する場合には，**遷移行列**を crosstab() 関数を用いたクロス集計で遷移行列を作成し，**図 7.16** のようにヒートマップで可視化することができる。1回目のトリップ，2回目のトリップのように遷移回数によって，分布が大きく変わることが想定される際には，遷移回数ごとにヒートマップを作成する必要がある。一方で，複数のヒートマップは，割合など相対的な変化を理解するには優れているものの，絶対値を直観的に把握することが難しいことが多い。そこで，こ

```
# 出発地・目的地別トリップス数のクロス集計
dfp=pd.crosstab(dft["ORIGPLACE"],dft["DESTPLACE"])

# ヒートマップへの可視化
figa=sns.heatmap(dfp,cmap="Greys")
figa.collections[0].colorbar.set_label('Number of Trips')
figa.set_title("Heatmap")
```

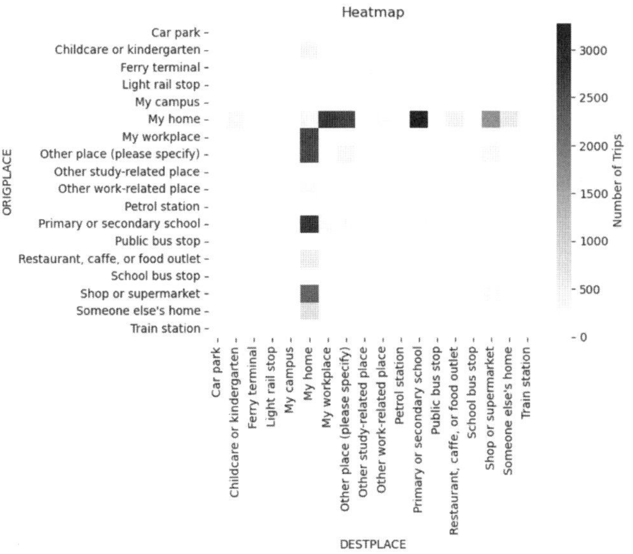


**図 7.16**　出発・到着場所のクロス集計とヒートマップによる可視化

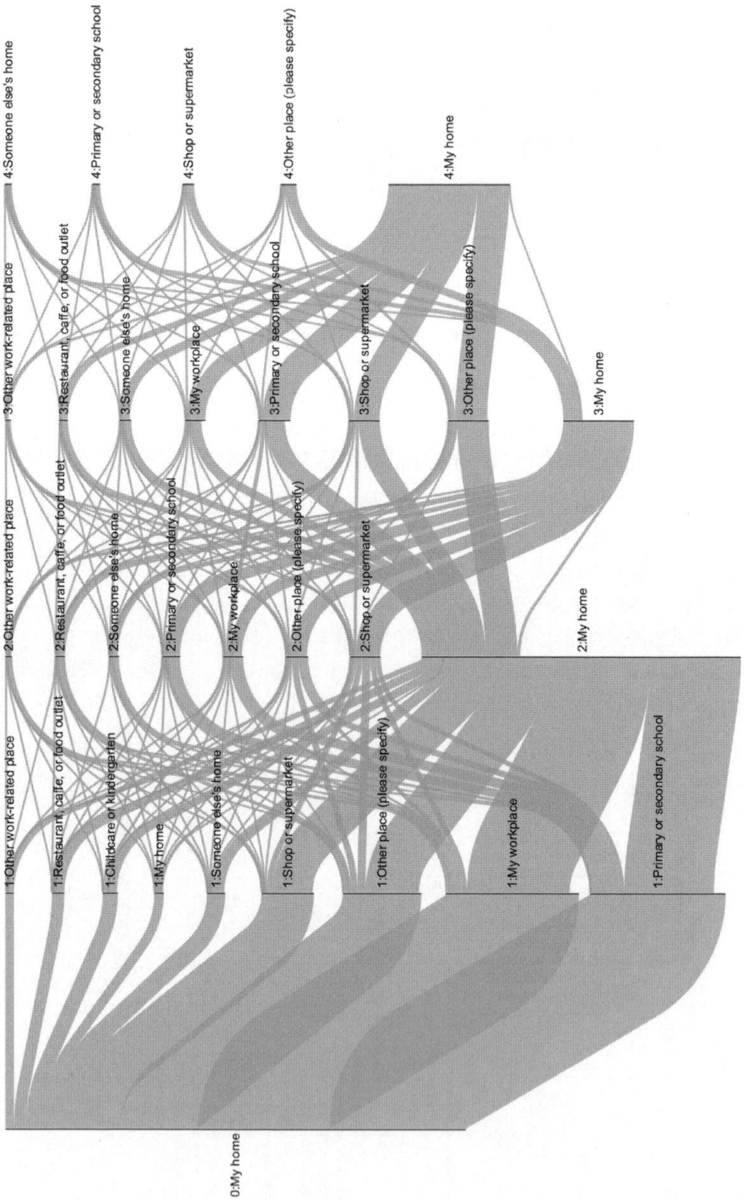


**図 7.17**　トリップ順序別出発・到着場所のクロス集計とサンキーダイアグラムによる可視化

のような複数回の遷移を記述する場合には，**図 7.17** のようなサンキーダイアグラムを用いることが多い。

**図 7.18** は，**サンキーダイアグラム**での可視化のためのコードである。サンキーダイアグラムは，matplotlib や pandas には関数が定義されていないため，ipysankeywidget を用いる。ipysankeywidget では，遷移の遷移元と遷

```
# トリップ順序別の出発地・目的地別トリップス数のクロス集計
dfpl1= dft.query('SEQ==1')[["TRIPID","ORIGPLACE",\
"DESTPLACE"]].groupby(["ORIGPLACE","DESTPLACE"])\
       .count().rename(columns={'TRIPID': 'TRIPS'})
Dfpl2= dft.query('SEQ==2')[["TRIPID","ORIGPLACE",\
"DESTPLACE"]].groupby(["ORIGPLACE","DESTPLACE"])\
       .count().rename(columns={'TRIPID': 'TRIPS'})
Dfpl3= dft.query('SEQ==3')[["TRIPID","ORIGPLACE",\
"DESTPLACE"]].groupby(["ORIGPLACE","DESTPLACE"])\
       .count().rename(columns={'TRIPID': 'TRIPS'})
Dfpl4= dft.query('SEQ==4')[["TRIPID","ORIGPLACE",\
"DESTPLACE"]].groupby(["ORIGPLACE","DESTPLACE"])\
       .count().rename(columns={'TRIPID': 'TRIPS'})
```

```
def links_append(dfpl_,links_,seq_):
    for i in range(len(dfpl_)):
        links_.append({'source':\
str(seq_-1)+':'+dfpl_.index[i][0],\
                'target':str(seq_)+':'\
+dfpl_.index[i][1], 'value':dfpl_.iloc[i][0]})

links = []
links_append(dfpl1,links,1)
links_append(dfpl2,links,2)
links_append(dfpl3,links,3)
links_append(dfpl4,links,4)

layout = Layout(width='1200', height='700')
s =SankeyWidget(layout=layout,scale=0.01,links=links)
```

**図 7.18** トリップ順序別出発・到着場所のクロス集計とサンキーダイアグラムによる可視化のためのコード

移先のそれぞれをノード，遷移元と遷移先のペアをリンクとして表現し，遷移量をリンクの値として定義する必要がある。そこで，まずトリップの順序「SEQ」ごとに，出発地「ORIGPLACE」と到着地「DESTPLACE」の各ペアのトリップ数をgroupby()を用いて集計する。得られた各ペアについて，配列linksに「{'source': 遷移元, 'target': 遷移先, 'value': 集計値}」を格納し，SankeyWidget()関数に引き渡すことで描画することができる。なお，例では，各データフレームからlinksに各ペアを追加する関数をあらかじめdefで定義し，定義した関数を使ってデータフレームdfpl1～dfpl4をlinksに追加する手順をとった。

付録

# データ活用に関連した法令に関する条文

本付録には，本書で参照した日本国の法令の条文を引用する。法律は，e-Gov 法令検索（https://elaws.e-gov.go.jp）において2023年8月の時点で検索されたものである。引用箇所の省略は著者によるものであり，「(略)」と表記した。

## 付.1 民　　　法

第85条　この法律において「物」とは，有体物をいう。

第180条　占有権は，自己のためにする意思をもって物を所持することによって取得する。

第206条　所有者は，法令の制限内において，自由にその所有物の使用，収益及び処分をする権利を有する。

第548条の4　定型約款準備者は，次に掲げる場合には，定型約款の変更をすることにより，変更後の定型約款の条項について合意があったものとみなし，個別に相手方と合意をすることなく契約の内容を変更することができる。

(略)

## 付.2　令和３年 改正個人情報保護法（平成十五年法律第五十七号 個人情報の保護に関する法律）

（定義）

第２条　この法律において「個人情報」とは，生存する個人に関する情報であって，次の各号のいずれかに該当するものをいう。

一　当該情報に含まれる氏名，生年月日その他の記述等（文書，図画若しくは電磁的記録（略）に記載され，若しくは記録され，又は音声，動作その他の方法を用いて表された一切の事項（略））により特定の個人を識別することができるもの（略）

二　個人識別符号が含まれるもの

２　この法律において「個人識別符号」とは，次の各号のいずれかに該当する文字，番号，記号その他の符号のうち，政令で定めるものをいう。

（略）

３　この法律において「要配慮個人情報」とは，本人の人種，信条，社会的身分，病歴，犯罪の経歴，犯罪により害を被った事実その他本人に対する不当な差別，偏見その他の不利益が生じないようにその取扱いに特に配慮を要するものとして政令で定める記述等が含まれる個人情報をいう。

（略）

５　この法律において「仮名加工情報」とは，次の各号に掲げる個人情報の区分に応じて当該各号に定める措置を講じて他の情報と照合しない限り特定の個人を識別することができないように個人情報を加工して得られる個人に関する情報をいう。

一　第一項第一号に該当する個人情報　当該個人情報に含まれる記述等の一部を削除すること（当該一部の記述等を復元することのできる規則

性を有しない方法により他の記述等に置き換えることを含む。）。

二　第一項第二号に該当する個人情報　当該個人情報に含まれる個人識別符号の全部を削除すること（当該個人識別符号を復元することのできる規則性を有しない方法により他の記述等に置き換えることを含む。）。

6　この法律において「匿名加工情報」とは，次の各号に掲げる個人情報の区分に応じて当該各号に定める措置を講じて特定の個人を識別することができないように個人情報を加工して得られる個人に関する情報であって，当該個人情報を復元することができないようにしたものをいう。

一　第一項第一号に該当する個人情報　当該個人情報に含まれる記述等の一部を削除すること（当該一部の記述等を復元することのできる規則性を有しない方法により他の記述等に置き換えることを含む。）。

二　第一項第二号に該当する個人情報　当該個人情報に含まれる個人識別符号の全部を削除すること（当該個人識別符号を復元することのできる規則性を有しない方法により他の記述等に置き換えることを含む。）。

（略）

（定義）

第16条　この章及び第八章において「個人情報データベース等」とは，個人情報を含む情報の集合物であって，次に掲げるもの（利用方法からみて個人の権利利益を害するおそれが少ないものとして政令で定めるものを除く。）をいう。

（略）

8　この章において「学術研究機関等」とは，大学その他の学術研究を目的とする機関若しくは団体又はそれらに属する者をいう。

（略）

（利用目的の特定）

第17条　個人情報取扱事業者は，個人情報を取り扱うに当たっては，その利用の目的（以下「利用目的」という。）をできる限り特定しなければならない。

2　個人情報取扱事業者は，利用目的を変更する場合には，変更前の利用目的と関連性を有すると合理的に認められる範囲を超えて行ってはならない。

（利用目的による制限）

第18条　個人情報取扱事業者は，あらかじめ本人の同意を得ないで，前条の規定により特定された利用目的の達成に必要な範囲を超えて，個人情報を取り扱ってはならない。

（略）

3　前二項の規定は，次に掲げる場合については，適用しない。

（略）

五　当該個人情報取扱事業者が学術研究機関等である場合であって，当該個人情報を学術研究の用に供する目的（以下この章において「学術研究目的」という。）で取り扱う必要があるとき（当該個人情報を取り扱う目的の一部が学術研究目的である場合を含み，個人の権利利益を不当に侵害するおそれがある場合を除く。）。

六　学術研究機関等に個人データを提供する場合であって，当該学術研究機関等が当該個人データを学術研究目的で取り扱う必要があるとき（当該個人データを取り扱う目的の一部が学術研究目的である場合を含み，個人の権利利益を不当に侵害するおそれがある場合を除く。）。

（適正な取得）

第20条　個人情報取扱事業者は，偽りその他不正の手段により個人情報を取得してはならない。

2　個人情報取扱事業者は，次に掲げる場合を除くほか，あらかじめ本人の同意を得ないで，要配慮個人情報を取得してはならない。

（略）

五　当該個人情報取扱事業者が学術研究機関等である場合であって，当該要配慮個人情報を学術研究目的で取り扱う必要があるとき（当該要配慮個人情報を取り扱う目的の一部が学術研究目的である場合を含み，個人の権利利益を不当に侵害するおそれがある場合を除く。)。

六　学術研究機関等から当該要配慮個人情報を取得する場合であって，当該要配慮個人情報を学術研究目的で取得する必要があるとき（当該要配慮個人情報を取得する目的の一部が学術研究目的である場合を含み，個人の権利利益を不当に侵害するおそれがある場合を除く。)（当該個人情報取扱事業者と当該学術研究機関等が共同して学術研究を行う場合に限る。)。

(略)

(委託先の監督)

第25条　個人情報取扱事業者は，個人データの取扱いの全部又は一部を委託する場合は，その取扱いを委託された個人データの安全管理が図られるよう，委託を受けた者に対する必要かつ適切な監督を行わなければならない。

(漏えい等の報告等)

第26条　個人情報取扱事業者は，その取り扱う個人データの漏えい，滅失，毀損その他の個人データの安全の確保に係る事態であって個人の権利利益を害するおそれが大きいものとして個人情報保護委員会規則で定めるものが生じたときは，個人情報保護委員会規則で定めるところにより，当該事態が生じた旨を個人情報保護委員会に報告しなければならない。ただし，当該個人情報取扱事業者が，他の個人情報取扱事業者又は行政機関等から当該個人データの取扱いの全部又は一部の委託を受けた場合であって，個人情報保護委員会規則で定めるところにより，当該事態が生じた旨を当該他の個人情報取扱事業者又は行政機関等に通知したときは，この限りでない。

2　前項に規定する場合には，個人情報取扱事業者（同項ただし書の規定による通知をした者を除く。）は，本人に対し，個人情報保護委員会規則で定めるところにより，当該事態が生じた旨を通知しなければならない。ただし，本人への通知が困難な場合であって，本人の権利利益を保護するため必要なこれに代わるべき措置をとるときは，この限りでない。

（第三者提供の制限）

第27条　個人情報取扱事業者は，次に掲げる場合を除くほか，あらかじめ本人の同意を得ないで，個人データを第三者に提供してはならない。

（略）

五　当該個人情報取扱事業者が学術研究機関等である場合であって，当該個人データの提供が学術研究の成果の公表又は教授のためやむを得ないとき（個人の権利利益を不当に侵害するおそれがある場合を除く。）。

六　当該個人情報取扱事業者が学術研究機関等である場合であって，当該個人データを学術研究目的で提供する必要があるとき（当該個人データを提供する目的の一部が学術研究目的である場合を含み，個人の権利利益を不当に侵害するおそれがある場合を除く。）（当該個人情報取扱事業者と当該第三者が共同して学術研究を行う場合に限る。）。

七　当該第三者が学術研究機関等である場合であって，当該第三者が当該個人データを学術研究目的で取り扱う必要があるとき（当該個人データを取り扱う目的の一部が学術研究目的である場合を含み，個人の権利利益を不当に侵害するおそれがある場合を除く。）。

2　個人情報取扱事業者は，第三者に提供される個人データについて，本人の求めに応じて当該本人が識別される個人データの第三者への提供を停止することとしている場合であって，次に掲げる事項について，個人情報保護委員会規則で定めるところにより，あらかじめ，本人に通知し，又は本人が容易に知り得る状態に置くとともに，個人情報保護委員会に届け出たときは，前項の規定にかかわらず，当該個人データを第三者に提供することができる。ただし，第三者に提供される個人データが要配慮個人情報又は第二十条第一項の規定に違反して取得されたもの若しくは他の個人情報取扱事業者からこの項本文の規定により提供されたもの（その全部又は一部を複製し，又は加工したものを含む。）である場合は，この限りでない。

（略）

5　次に掲げる場合において，当該個人データの提供を受ける者は，前各項の規定の適用については，第三者に該当しないものとする。

一　個人情報取扱事業者が利用目的の達成に必要な範囲内において個人データの取扱いの全部又は一部を委託することに伴って当該個人データが提供される場合

（略）

三　特定の者との間で共同して利用される個人データが当該特定の者に提供される場合であって，その旨並びに共同して利用される個人データの項目，共同して利用する者の範囲，利用する者の利用目的並びに当該個人データの管理について責任を有する者の氏名又は名称及び住所並びに法人にあっては，その代表者の氏名について，あらかじめ，本人に通知し，又は本人が容易に知り得る状態に置いているとき。

（略）

（外国にある第三者への提供の制限）

第28条　個人情報取扱事業者は，外国（略）（個人の権利利益を保護する上で我が国と同等の水準にあると認められる個人情報の保護に関する制度を有している外国として個人情報保護委員会規則で定めるものを除く。（略））にある第三者（略）に個人データを提供する場合には，前条第一項各号に掲げる場合を除くほか，あらかじめ外国にある第三者への提供を認める旨の本人の同意を得なければならない。この場合においては，同条の規定は，適用しない。

2　個人情報取扱事業者は，前項の規定により本人の同意を得ようとする場合には，個人情報保護委員会規則で定めるところにより，あらかじめ，当該外国における個人情報の保護に関する制度，当該第三者が講ずる個人情報の保護のための措置その他当該本人に参考となるべき情報を当該本人に提供しなければならない。

3　個人情報取扱事業者は，個人データを外国にある第三者（略）に提供した場合には，個人情報保護委員会規則で定めるところにより，当該第三者による相当措置の継続的な実施を確保するために必要な措置を講ずるとともに，本人の求めに応じて当該必要な措置に関する情報を当該本人に提供しなければならない。

（第三者提供に係る記録の作成等）

第29条　個人情報取扱事業者は，個人データを第三者（略）に提供したときは，個人情報保護委員会規則で定めるところにより，当該個人データを提供した年月日，当該第三者の氏名又は名称その他の個人情報保護委員会規則で定める事項に関する記録を作成しなければならない。

（略）

（第三者提供を受ける際の確認等）

第30条　個人情報取扱事業者は，第三者から個人データの提供を受けるに際しては，個人情報保護委員会規則で定めるところにより，次に掲げる事項の確認を行わなければならない。（略）

一　当該第三者の氏名又は名称及び住所並びに法人にあっては，その代表者の氏名

二　当該第三者による当該個人データの取得の経緯

（略）

（保有個人データに関する事項の公表等）

第32条　個人情報取扱事業者は，保有個人データに関し，次に掲げる事項について，本人の知り得る状態（本人の求めに応じて遅滞なく回答する場合を含む。）に置かなければならない。

（略）

（開示）

第33条　本人は，個人情報取扱事業者に対し，当該本人が識別される保有個人データの電磁的記録の提供による方法その他の個人情報保護委員会規則で定める方法による開示を請求することができる。

2　個人情報取扱事業者は，前項の規定による請求を受けたときは，本人に対し，同項の規定により当該本人が請求した方法（略）により，遅滞なく，当該保有個人データを開示しなければならない。（略）

3　個人情報取扱事業者は，第一項の規定による請求に係る保有個人データの全部若しくは一部について開示しない旨の決定をしたとき，当該保有個人データが存在しないとき，又は同項の規定により本人が請求した方法による開示が困難であるときは，本人に対し，遅滞なく，その旨を通知しなければならない。

（略）

（訂正等）

第34条　本人は，個人情報取扱事業者に対し，当該本人が識別される保有個人データの内容が事実でないときは，当該保有個人データの内容の訂正，追加又は削除（以下この条において「訂正等」という。）を請求することができる。

（略）

（利用停止等）

第35条　本人は，個人情報取扱事業者に対し，当該本人が識別される保有個人データが第十八条若しくは第十九条の規定に違反して取り扱われているとき，又は第二十条の規定に違反して取得されたものであるときは，当該保有個人データの利用の停止又は消去（以下この条において「利用停止等」という。）を請求することができる。

（略）

（開示等の請求等に応じる手続）

第37条　個人情報取扱事業者は，第三十二条第二項の規定による求め又は第三十三条第一項（略），第三十四条第一項若しくは第三十五条第一項，第三項若しくは第五項の規定による請求（略）に関し，政令で定めるところにより，その求め又は請求を受け付ける方法を定めることができる。

（略）

（仮名加工情報の作成等）

第41条　個人情報取扱事業者は，仮名加工情報（略）を作成するときは，他の情報と照合しない限り特定の個人を識別することができないようにするために必要なものとして個人情報保護委員会規則で定める基準に従い，個人情報を加工しなければならない。

2　個人情報取扱事業者は，仮名加工情報を作成したとき，又は仮名加工情報及び当該仮名加工情報に係る削除情報等（略）を取得したときは，削除情報等の漏えいを防止するために必要なものとして個人情報保護委員会規則で定める基準に従い，削除情報等の安全管理のための措置を講じなければならない。

3　仮名加工情報取扱事業者（略）は，第十八条の規定にかかわらず，法令に基づく場合を除くほか，第十七条第一項の規定により特定された利用目的の達成に必要な範囲を超えて，仮名加工情報（略）を取り扱ってはならない。

（略）

6　仮名加工情報取扱事業者は，第二十七条第一項及び第二項並びに第二十八条第一項の規定にかかわらず，法令に基づく場合を除くほか，仮名加工情報である個人データを第三者に提供してはならない。（略）

7　仮名加工情報取扱事業者は，仮名加工情報を取り扱うに当たっては，当該仮名加工情報の作成に用いられた個人情報に係る本人を識別するために，当該仮名加工情報を他の情報と照合してはならない。

（略）

（仮名加工情報の第三者提供の制限等）

第42条　仮名加工情報取扱事業者は，法令に基づく場合を除くほか，仮名加工情報（略）を第三者に提供してはならない。

（匿名加工情報の作成等）

第43条　個人情報取扱事業者は，匿名加工情報（略）を作成するときは，特定の個人を識別すること及びその作成に用いる個人情報を復元することができないようにするために必要なものとして個人情報保護委員会規則で定める基準に従い，当該個人情報を加工しなければならない。

2　個人情報取扱事業者は，匿名加工情報を作成したときは，その作成に用いた個人情報から削除した記述等及び個人識別符号並びに前項の規定により行った加工の方法に関する情報の漏えいを防止するために必要なものとして個人情報保護委員会規則で定める基準に従い，これらの情報の安全管理のための措置を講じなければならない。

3　個人情報取扱事業者は，匿名加工情報を作成したときは，個人情報保護委員会規則で定めるところにより，当該匿名加工情報に含まれる個人に関する情報の項目を公表しなければならない。

4　個人情報取扱事業者は，匿名加工情報を作成して当該匿名加工情報を第三者に提供するときは，個人情報保護委員会規則で定めるところにより，あらかじめ，第三者に提供される匿名加工情報に含まれる個人に関する情報の項目及びその提供の方法について公表するとともに，当該第三者に対して，当該提供に係る情報が匿名加工情報である旨を明示しなければならない。

5　個人情報取扱事業者は，匿名加工情報を作成して自ら当該匿名加工情報を取り扱うに当たっては，当該匿名加工情報の作成に用いられた個人情報に係る本人を識別するために，当該匿名加工情報を他の情報と照合してはならない。

（略）

（匿名加工情報の提供）

第 44 条　匿名加工情報取扱事業者は，匿名加工情報（略）を第三者に提供するときは，個人情報保護委員会規則で定めるところにより，あらかじめ，第三者に提供される匿名加工情報に含まれる個人に関する情報の項目及びその提供の方法について公表するとともに，当該第三者に対して，当該提供に係る情報が匿名加工情報である旨を明示しなければならない。

（識別行為の禁止）

第 45 条　匿名加工情報取扱事業者は，匿名加工情報を取り扱うに当たっては，当該匿名加工情報の作成に用いられた個人情報に係る本人を識別するために，当該個人情報から削除された記述等若しくは個人識別符号若しくは第四十三条第一項若しくは第百十六条第一項（略）の規定により行われた加工の方法に関する情報を取得し，又は当該匿名加工情報を他の情報と照合してはならない。

## 付.3　個人情報の保護に関する法律施行令（平成十五年政令第五百七号）

第 1 条　個人情報の保護に関する法律（以下「法」という。）第二条第二項の政令で定める文字，番号，記号その他の符号は，次に掲げるものとする。

一　次に掲げる身体の特徴のいずれかを電子計算機の用に供するために変換した文字，番号，記号その他の符号であって，特定の個人を識別するに足りるものとして個人情報保護委員会規則で定める基準に適合するもの

イ　細胞から採取されたデオキシリボ核酸（別名ＤＮＡ）を構成する塩基の配列

ロ　顔の骨格及び皮膚の色並びに目，鼻，口その他の顔の部位の位置及び形状によって定まる容貌

ハ　虹彩の表面の起伏により形成される線状の模様

ニ　発声の際の声帯の振動，声門の開閉並びに声道の形状及びその変化

ホ　歩行の際の姿勢及び両腕の動作，歩幅その他の歩行の態様

ヘ　手のひら又は手の甲若しくは指の皮下の静脈の分岐及び端点によって定まるその静脈の形状

ト　指紋又は掌紋

二　旅券法（昭和二十六年法律第二百六十七号）第六条第一項第一号の旅券の番号

三　国民年金法（昭和三十四年法律第百四十一号）第十四条に規定する基礎年金番号

四　道路交通法（昭和三十五年法律第百五号）第九十三条第一項第一号の免許証の番号

五　住民基本台帳法（昭和四十二年法律第八十一号）第七条第十三号に規定する住民票コード

六　行政手続における特定の個人を識別するための番号の利用等に関する法律（平成二十五年法律第二十七号）第二条第五項に規定する個人番号

七　次に掲げる証明書にその発行を受ける者ごとに異なるものとなるように記載された個人情報保護委員会規則で定める文字，番号，記号その他の符号

イ　国民健康保険法（昭和三十三年法律第百九十二号）第九条第二項の被保険者証

ロ　高齢者の医療の確保に関する法律（昭和五十七年法律第八十号）第五十四条第三項の被保険者証

ハ　介護保険法（平成九年法律第百二十三号）第十二条第三項の被保険者証

八　その他前各号に準ずるものとして個人情報保護委員会規則で定める文字，番号，記号その他の符号

（要配慮個人情報）

第2条　法第二条第三項の政令で定める記述等は，次に掲げる事項のいずれかを内容とする記述等（本人の病歴又は犯罪の経歴に該当するものを除く。）とする。

一　身体障害，知的障害，精神障害（発達障害を含む。）その他の個人情報保護委員会規則で定める心身の機能の障害があること。

二　本人に対して医師その他医療に関連する職務に従事する者（次号において「医師等」という。）により行われた疾病の予防及び早期発見のための健康診断その他の検査（同号において「健康診断等」という。）の結果

三　健康診断等の結果に基づき，又は疾病，負傷その他の心身の変化を理由として，本人に対して医師等により心身の状態の改善のための指導又は診療若しくは調剤が行われたこと。

四　本人を被疑者又は被告人として，逮捕，捜索，差押え，勾留，公訴の提起その他の刑事事件に関する手続が行われたこと。

五　本人を少年法（昭和二十三年法律第百六十八号）第三条第一項に規定する少年又はその疑いのある者として，調査，観護の措置，審判，保護処分その他の少年の保護事件に関する手続が行われたこと。

（個人情報データベース等）

第4条　法第十六条第一項の利用方法からみて個人の権利利益を害するおそれが少ないものとして政令で定めるものは，次の各号のいずれにも該当するものとする。

一　不特定かつ多数の者に販売することを目的として発行されたものであって，かつ，その発行が法又は法に基づく命令の規定に違反して行われたものでないこと。

二　不特定かつ多数の者により随時に購入することができ，又はできたものであること。

三　生存する個人に関する他の情報を加えることなくその本来の用途に供

していているものであること。

## 付.4　平成二十八年個人情報保護委員会規則第三号（個人情報の保護に関する法律施行規則）

（身体の特徴を電子計算機の用に供するために変換した文字，番号，記号その他の符号に関する基準）

第２条　個人情報の保護に関する法律施行令（以下「令」という。）第一条第一号の個人情報保護委員会規則で定める基準は，特定の個人を識別することができる水準が確保されるよう，適切な範囲を適切な手法により電子計算機の用に供するために変換することとする。

（証明書にその発行を受ける者ごとに異なるものとなるように記載された文字，番号，記号その他の符号）

第３条　令第一条第七号の個人情報保護委員会規則で定める文字，番号，記号その他の符号は，次の各号に掲げる証明書ごとに，それぞれ当該各号に定めるものとする。

一　令第一条第七号イに掲げる証明書　国民健康保険法（昭和三十三年法律第百九十二号）第百十一条の二第一項に規定する保険者番号及び被保険者記号・番号

二　令第一条第七号ロに掲げる証明書　高齢者の医療の確保に関する法律（昭和五十七年法律第八十号）第百六十一条の二第一項に規定する保険者番号及び被保険者番号

三　令第一条第七号ハに掲げる証明書　同号ハに掲げる証明書の番号及び保険者番号

（旅券の番号等に準ずる文字，番号，記号その他の符号）

第４条　令第一条第八号の個人情報保護委員会規則で定める文字，番号，記号その他の符号は，次に掲げるものとする。

一　健康保険法（大正十一年法律第七十号）第三条第十一項に規定する保

険者番号及び同条第十二項に規定する被保険者等記号・番号

二　船員保険法（昭和十四年法律第七十三号）第二条第十項に規定する保険者番号及び同条第十一項に規定する被保険者等記号・番号

三　出入国管理及び難民認定法（昭和二十六年政令第三百十九号）第二条第五号に規定する旅券（日本国政府の発行したものを除く。）の番号

四　出入国管理及び難民認定法第十九条の四第一項第五号の在留カードの番号

五　私立学校教職員共済法（昭和二十八年法律第二百四十五号）第四十五条第一項に規定する保険者番号及び加入者等記号・番号

六　国家公務員共済組合法（昭和三十三年法律第百二十八号）第百十二条の二第一項に規定する保険者番号及び組合員等記号・番号

七　地方公務員等共済組合法（昭和三十七年法律第百五十二号）第百四十四条の二十四の二第一項に規定する保険者番号及び組合員等記号・番号

八　雇用保険法施行規則（昭和五十年労働省令第三号）第十条第一項の雇用保険被保険者証の被保険者番号

九　日本国との平和条約に基づき日本の国籍を離脱した者等の出入国管理に関する特例法（平成三年法律第七十一号）第八条第一項第三号の特別永住者証明書の番号

（要配慮個人情報）

第５条　令第二条第一号の個人情報保護委員会規則で定める心身の機能の障害は，次に掲げる障害とする。

一　身体障害者福祉法（昭和二十四年法律第二百八十三号）別表に掲げる身体上の障害

二　知的障害者福祉法（昭和三十五年法律第三十七号）にいう知的障害

三　精神保健及び精神障害者福祉に関する法律（昭和二十五年法律第百二十三号）にいう精神障害（発達障害者支援法（平成十六年法律第百六十七号）第二条第一項に規定する発達障害を含み，前号に掲げるものを除く。）

四　治療方法が確立していない疾病その他の特殊の疾病であって障害者の日常生活及び社会生活を総合的に支援するための法律（平成十七年法律第百二十三号）第四条第一項の政令で定めるものによる障害の程度が同項の厚生労働大臣が定める程度であるもの

（個人の権利利益を害するおそれが大きいもの）

第7条　法第二十六条第一項本文の個人の権利利益を害するおそれが大きいものとして個人情報保護委員会規則で定めるものは，次の各号のいずれかに該当するものとする。

一　要配慮個人情報が含まれる個人データ（高度な暗号化その他の個人の権利利益を保護するために必要な措置を講じたものを除く。以下この条及び次条第一項において同じ。）の漏えい，滅失若しくは毀損（以下この条及び次条第一項において「漏えい等」という。）が発生し，又は発生したおそれがある事態

二　不正に利用されることにより財産的被害が生じるおそれがある個人データの漏えい等が発生し，又は発生したおそれがある事態

三　不正の目的をもって行われたおそれがある個人データの漏えい等が発生し，又は発生したおそれがある事態

四　個人データに係る本人の数が千人を超える漏えい等が発生し，又は発生したおそれがある事態

（個人情報保護委員会への報告）

第8条　個人情報取扱事業者は，法第二十六条第一項本文の規定による報告をする場合には，前条各号に定める事態を知った後，速やかに，当該事態に関する次に掲げる事項（報告をしようとする時点において把握しているものに限る。次条において同じ。）を報告しなければならない。

一　概要

二　漏えい等が発生し，又は発生したおそれがある個人データの項目

三　漏えい等が発生し，又は発生したおそれがある個人データに係る本人の数

四　原因

五　二次被害又はそのおそれの有無及びその内容

六　本人への対応の実施状況

七　公表の実施状況

八　再発防止のための措置

九　その他参考となる事項

2　前項の場合において，個人情報取扱事業者は，当該事態を知った日から三十日以内（当該事態が前条第三号に定めるものである場合にあっては，六十日以内）に，当該事態に関する前項各号に定める事項を報告しなければならない。

3　法第二十六条第一項本文の規定による報告は，次の各号に掲げる場合の区分に応じ，それぞれ当該各号に定める方法により行うものとする。

一　個人情報保護委員会に報告する場合　電子情報処理組織（個人情報保護委員会の使用に係る電子計算機と報告をする者の使用に係る電子計算機とを電気通信回線で接続した電子情報処理組織をいう。以下この項において同じ。）を使用する方法（電気通信回線の故障，災害その他の理由により電子情報処理組織を使用することが困難であると認められる場合にあっては，別記様式第一による報告書を提出する方法）

二　法第百五十条第一項の規定により，法第二十六条第一項の規定による権限の委任を受けた事業所管大臣に報告する場合　別記様式第一による報告書を提出する方法（当該事業所管大臣が別に定める場合にあっては，その方法）

（他の個人情報取扱事業者への通知）

第9条　個人情報取扱事業者は，法第二十六条第一項ただし書の規定による通知をする場合には，第七条各号に定める事態を知った後，速やかに，前条第一項各号に定める事項を通知しなければならない。

（本人に対する通知）

第10条　個人情報取扱事業者は，法第二十六条第二項本文の規定による通知をする場合には，第七条各号に定める事態を知った後，当該事態の状況に応じて速やかに，当該本人の権利利益を保護するために必要な範囲において，第八条第一項第一号，第二号，第四号，第五号及び第九号に定める事項を通知しなければならない。

## 付.5　不正競争防止法（平成五年法律第四十七号）

（目的）

第1条　この法律は，事業者間の公正な競争及びこれに関する国際約束の的確な実施を確保するため，不正競争の防止及び不正競争に係る損害賠償に関する措置等を講じ，もって国民経済の健全な発展に寄与することを目的とする。

（定義）

第2条　この法律において「不正競争」とは，次に掲げるものをいう。

（略）

四　窃取，詐欺，強迫その他の不正の手段により営業秘密を取得する行為（以下「営業秘密不正取得行為」という。）又は営業秘密不正取得行為により取得した営業秘密を使用し，若しくは開示する行為（秘密を保持しつつ特定の者に示すことを含む。次号から第九号まで，第十九条第一項第六号，第二十一条及び附則第四条第一号において同じ。）

五　その営業秘密について営業秘密不正取得行為が介在したことを知って，若しくは重大な過失により知らないで営業秘密を取得し，又はその取得した営業秘密を使用し，若しくは開示する行為

六　その取得した後にその営業秘密について営業秘密不正取得行為が介在したことを知って，又は重大な過失により知らないでその取得した営業秘密を使用し，又は開示する行為

七　営業秘密を保有する事業者（以下「営業秘密保有者」という。）から

その営業秘密を示された場合において，不正の利益を得る目的で，又はその営業秘密保有者に損害を加える目的で，その営業秘密を使用し，又は開示する行為

八　その営業秘密について営業秘密不正開示行為（前号に規定する場合において同号に規定する目的でその営業秘密を開示する行為又は秘密を守る法律上の義務に違反してその営業秘密を開示する行為をいう。以下同じ。）であること若しくはその営業秘密について営業秘密不正開示行為が介在したことを知って，若しくは重大な過失により知らないで営業秘密を取得し，又はその取得した営業秘密を使用し，若しくは開示する行為

九　その取得した後にその営業秘密について営業秘密不正開示行為があったこと若しくはその営業秘密について営業秘密不正開示行為が介在したことを知って，又は重大な過失により知らないでその取得した営業秘密を使用し，又は開示する行為

十　第四号から前号までに掲げる行為（技術上の秘密（営業秘密のうち，技術上の情報であるものをいう。以下同じ。）を使用する行為に限る。以下この号において「不正使用行為」という。）により生じた物を譲渡し，引き渡し，譲渡若しくは引渡しのために展示し，輸出し，輸入し，又は電気通信回線を通じて提供する行為（当該物を譲り受けた者（その譲り受けた時に当該物が不正使用行為により生じた物であることを知らず，かつ，知らないことにつき重大な過失がない者に限る。）が当該物を譲渡し，引き渡し，譲渡若しくは引渡しのために展示し，輸出し，輸入し，又は電気通信回線を通じて提供する行為を除く。）

十一　窃取，詐欺，強迫その他の不正の手段により限定提供データを取得する行為（以下「限定提供データ不正取得行為」という。）又は限定提供データ不正取得行為により取得した限定提供データを使用し，若しくは開示する行為

十二　その限定提供データについて限定提供データ不正取得行為が介在し

たことを知って限定提供データを取得し，又はその取得した限定提供データを使用し，若しくは開示する行為

十三　その取得した後にその限定提供データについて限定提供データ不正取得行為が介在したことを知ってその取得した限定提供データを開示する行為

十四　限定提供データを保有する事業者（以下「限定提供データ保有者」という。）からその限定提供データを示された場合において，不正の利益を得る目的で，又はその限定提供データ保有者に損害を加える目的で，その限定提供データを使用する行為（その限定提供データの管理に係る任務に違反して行うものに限る。）又は開示する行為

十五　その限定提供データについて限定提供データ不正開示行為（前号に規定する場合において同号に規定する目的でその限定提供データを開示する行為をいう。以下同じ。）であること若しくはその限定提供データについて限定提供データ不正開示行為が介在したことを知って限定提供データを取得し，又はその取得した限定提供データを使用し，若しくは開示する行為

十六　その取得した後にその限定提供データについて限定提供データ不正開示行為があったこと又はその限定提供データについて限定提供データ不正開示行為が介在したことを知ってその取得した限定提供データを開示する行為

（略）

（罰則）

第21条　次の各号のいずれかに該当する者は，十年以下の懲役若しくは二千万円以下の罰金に処し，又はこれを併科する。

（略）

## 付.6　デジタル社会形成基本法（令和三年法律第三十五号）

第37条第2項第13号　特定公共分野（サービスの多様化及び質の向上を図るために特に重点的に取り組むべき公共分野をいう。）におけるサービスの多様化及び質の向上に関し政府が迅速かつ重点的に講ずべき施策

## 付.7　統計法（平成十九年法律第五十三号）

（調査票情報の提供）

第33条　行政機関の長又は指定独立行政法人等は，次の各号に掲げる者が当該各号に定める行為を行う場合には，総務省令で定めるところにより，これらの者からの求めに応じ，その行った統計調査に係る調査票情報をこれらの者に提供することができる。

一　行政機関等その他これに準ずる者として総務省令で定める者　統計の作成等又は統計調査その他の統計を作成するための調査に係る名簿の作成

二　前号に掲げる者が行う統計の作成等と同等の公益性を有する統計の作成等として総務省令で定めるものを行う者　当該総務省令で定める統計の作成等

（略）

第33条の2　行政機関の長又は指定独立行政法人等は，前条第一項に定めるもののほか，総務省令で定めるところにより，一般からの求めに応じ，その行った統計調査に係る調査票情報を学術研究の発展に資する統計の作成等その他の行政機関の長又は指定独立行政法人等が行った統計調査に係る調査票情報の提供を受けて行

うことについて相当の公益性を有する統計の作成等として総務省令で定めるものを行う者に提供することができる。

（調査票情報等の適正な管理）

第39条　次の各号に掲げる者は，当該各号に定める情報を適正に管理するために必要な措置として総務省令で定めるものを講じなければならない。

（略）

（調査票情報等の利用制限）

第40条　行政機関の長，指定地方公共団体の長その他の執行機関又は指定独立行政法人等は，この法律（略）に特別の定めがある場合を除き，その行った統計調査の目的以外の目的のために，当該統計調査に係る調査票情報を自ら利用し，又は提供してはならない。

2　第二十七条第二項の規定により総務大臣から事業所母集団データベースに記録されている情報の提供を受けた行政機関の長，地方公共団体の長その他の執行機関又は独立行政法人等は，同項各号に掲げる目的以外の目的のために，当該事業所母集団データベースに記録されている情報を自ら利用し，又は提供してはならない。

3　第二十九条第一項の規定により行政記録情報の提供を受けた行政機関の長は，当該行政記録情報を同項の規定により明示した利用目的以外の目的のために自ら利用し，又は提供してはならない。

（守秘義務）

第41条　次の各号に掲げる者は，当該各号に定める業務に関して知り得た個人又は法人その他の団体の秘密を漏らしてはならない。

（略）

（調査票情報等の提供を受けた者による適正な管理）

第42条　次の各号に掲げる者は，当該各号に定める情報を適正に管理するために必要な措置として総務省令で定めるものを講じなければならない。

（略）

（調査票情報の提供を受けた者の守秘義務等）

第43条　次の各号に掲げる者は，当該各号に定める業務に関して知り得た個人又は法人その他の団体の秘密を漏らしてはならない。

（略）

2　第三十三条第一項若しくは第三十三条の二第一項の規定により調査票情報の提供を受けた者若しくは第三十六条第一項の規定により匿名データの提供を受けた者又はこれらの者から当該調査票情報若しくは当該匿名データの取扱いに関する業務の委託を受けた者その他の当該委託に係る業務に従事する者若しくは従事していた者は，当該調査票情報又は当該匿名データをその提供を受けた目的以外の目的のために自ら利用し，又は提供してはならない。

（個人情報の保護に関する法律の適用除外）

第52条　個人情報（略）であって，次に掲げるものについては，同法第五章の規定は，適用しない。

（略）

# 引用・参考文献


1）D. Donoho：50 Years of Data Science, *Journal of Computational and Graphical Statistics*, 26, 4, pp. 745-766 (2017)

2）kaggle：kaggle［オンライン］Available: https://www.kaggle.com/（アクセス日：2023年10月3日）

3）The Open Knowledge Foundation：Open Definition［オンライン］Available: https://opendefinition.org/（アクセス日：2023年10月3日）

4）J. Baron：A Brief History of Evidence-Based Policy, 678, 1, pp. 40-50 (2018)

5）T. Kusakabe, Y. Asakura：Behavioural Data Mining of Transit Smart Card Data: A Data Fusion Approach, *Transportation Research Part C: Emerging Technologies*, 46, pp. 179-191 (2014)

6）Y. Hara, H. Yamaguchi：Japanese travel behavior trends and change under COVID-19 state-of-emergency declaration: Nationwide observation by mobile phone location data, *Transportation Research Interdisciplinary Perspectives*, 9, 100288 (2021)

7）E. F. Codd, S. B. Codd, C. T. Salley, F. Codd, S. Codd, C. Salley：Providing OLAP to user-analysts: An IT mandate（1993）［オンライン］Available: http://www.estgv.ipv.pt/paginaspessoais/jloureiro/esi_aid2007_2008/fichas/codd.pdf（アクセス日：2023年10月3日）

8）J. Tukey：Exploratory Data Analysis, Pearson (1977)

9）O. P. Ohren：An Ontological Approach to Characterising, Knowledge Sharing in the Integrated Enterprise, Springer, pp. 131-141 (2005)

10）独立行政法人情報処理推進機構，経済産業省：デジタルスキル標準 ver.1.0（2022）［オンライン］Available: https://www.ipa.go.jp/jinzai/skill-standard/dss/ps6vr700000083ki-att/000106871.pdf（アクセス日：2023年10月3日）

11）日本学術会議：声明　科学者の行動規範　―改訂版―（2013）［オンライン］Available: https://www.scj.go.jp/ja/info/kohyo/pdf/kohyo-22-s168-1.pdf（アクセス日：2023年10月3日）

12）公益社団法人　日本技術士会　倫理委員会：技術士倫理綱領への手引（2023）［オンライン］Available: https://www.engineer.or.jp/c_topics/001/attached/attach_1285_4.pdf（アクセス日：2023年10月3日）

13）個人情報保護委員会：個人情報の保護に関する法律についてのガイドライン（通則編）（2022）［オンライン］Available: https://www.ppc.go.jp/personalinfo/legal/guidelines_

tsusoku/（アクセス日：2023年10月3日）
14）個人情報保護委員会：個人情報の保護に関する法律のガイドライン（外国にある第三者への提供編）（2022）［オンライン］Available: https://www.ppc.go.jp/personalinfo/legal/guidelines_offshore/（アクセス日：2023年10月3日）
15）個人情報保護委員会：個人情報の保護に関する法律についてのガイドライン（2022）［オンライン］Available: https://www.ppc.go.jp/personalinfo/legal/guidelines_thirdparty/（アクセス日：2023年10月3日）
16）個人情報保護委員会：個人情報の保護に関する法律についてのガイドライン（仮名加工情報・匿名加工情報編）（2022）［オンライン］Available: https://www.ppc.go.jp/personalinfo/legal/guidelines_anonymous/（アクセス日：2023年10月3日）
17）個人情報保護委員会：個人情報の保護に関する法律についてのガイドライン（認定個人情報保護団体編）（2022）［オンライン］Available: https://www.ppc.go.jp/personalinfo/legal/guidelines_ninteidantai/（アクセス日：2023年10月3日）
18）P. Samarati, L. Sweeney：Protecting privacy when disclosing information: k-anonymity and its enforcement through generalization and suppression, Harvard Data Privacy Lab (1998)
19）C. C. Aggarwal, P. S. Yu：A General Survey of Privacy-Preserving Data Mining Models and Algorithms, Privacy-Preserving Data Mining – Models and Algorithms, Springer, pp. 11-52 (2008)
20）European Parliament and Council of the European Union：Regulation (EU) 2016/679 of the European Parliament and of the Council of 27 April 2016, *Official Journal of the European Union*, L119, pp. 1-88 (2016)
21）個人情報保護委員会：改正越境移転ルールの施行に向けて（2022）［オンライン］Available: https://www.meti.go.jp/policy/it_policy/privacy/ppc_privacy_governance_seminar3.pdf（アクセス日：2023年10月3日）
22）Creative Commons：Creative Commons（2002）［オンライン］Available: https://creativecommons.org/（アクセス日：2023年10月3日）
23）経済産業省：AI・データの利用に関する契約ガイドライン（2018）［オンライン］Available: https://www.meti.go.jp/policy/mono_info_service/connected_industries/sharing_and_utilization/20180615001-2.pdf（アクセス日：2023年10月3日）
24）ISO/IEC, ISO/IEC 27001, International Organization for Standardization
25）日本産業標準調査会：JIS Q 15001: 2017 個人情報保護マネジメントシステム―要求事項，日本規格協会（2017）
26）プロジェクトマネジメント協会（PMI）：プロジェクトマネジメント知識体系ガイド（PMBOKガイド）第7版＋プロジェクトマネジメント標準，一般社団法人 PMI 日本支部（2023）
27）文部省：我が国の文教施策のあらまし　未来を拓く学術研究，官報資料（1998）

28）プロジェクトマネジメント協会（PMI）：プロジェクトマネジメント知識体系ガイド（PMBOK ガイド）第 6 版，一般社団法人 PMI 日本支部（2018）

29）K. Beck, J. Grenning, R. C. Martin, M. Beedle, J. Highsmith, S. Mellor, A. v. Bennekum, A. Hunt, K. Schwaber, A. Cockburn, R. Jeffries, J. Sutherland, W. Conningham, J. Kern, D. Thomas, M. Fowler , B. Marick：アジャイルソフトウェア開発宣言（2001）［オンライン］Available: https://agilemanifesto.org/iso/ja/manifesto.html（アクセス日 : 2023 年 10 月 3 日）

30）K. Schwaber, J. Sutherland：The Scrum Guide,（2020）［オンライン］Available: https://scrumguides.org/docs/scrumguide/v2020/2020-Scrum-Guide-US.pdf（アクセス日 : 2023 年 10 月 3 日）

31）David J. Anderson, 長瀬嘉秀（監訳）（翻訳），永田渉（監訳）：カンバン ソフトウェア開発の変革 Improving Service Delivery in Technology Business, リックテレコム（2014）

32）J. W. Tukey：The Future of Data Analysis, *The Annals of Mathematical Statistics*, 33, 1, pp. 1-67 (1962)

33）Project Jupyter：Project Jupyter（2023）［オンライン］Available: https://jupyter.org/（アクセス日 : 2023 年 10 月 3 日）

34）The Python Software Foundation：python（2001）［オンライン］Available: https://www.python.org/（アクセス日 : 2023 年 10 月 3 日）

35）The Apache Software Foundation：Apache NiFi（2023）［オンライン］Available: https://nifi.apache.org/（アクセス日 : 2023 年 10 月 3 日）

36）The PostgreSQL Global Development Group：PostgreSQL（1996）［オンライン］Available: https://www.postgresql.org/（アクセス日 : 2023 年 10 月 3 日）

37）Oracle：MySQL（2023）［オンライン］Available: https://dev.mysql.com/（アクセス日 : 2023 年 10 月 3 日）

38）PostGIS PSC & OSGeo：PostGIS（2023）［オンライン］Available: http://postgis.net/（アクセス日 : 2023 年 10 月 3 日）

39）MongoDB, Inc.：MongoDB.（2023）［オンライン］Available: https://www.mongodb.org（アクセス日 : 2023 年 10 月 3 日）

40）The Python Software Foundation：The Python Software Foundation（2023）［オンライン］Available: https://www.python.org/psf-landing/（アクセス日 : 2023 年 10 月 3 日）

41）Anaconda Inc.：ANACONDA（2023）［オンライン］Available: https://anaconda.org/（アクセス日 : 2023 年 10 月 3 日）

42）NumPy：NumPy（2023）［オンライン］Available: https://numpy.org/（アクセス日 : 2023 年 10 月 3 日）

43）pandas via NumFOCUS, Inc.：pandas（2023）［オンライン］Available: https://pandas.pydata.org/（アクセス日 : 2023 年 10 月 3 日）

44）YData Labs Inc.：ydata-profiling（2023）［オンライン］Available: https://ydata-profiling.ydata.ai/（アクセス日 : 2023 年 10 月 3 日）

45）The Matplotlib development team：Matplotlib: Visualization with Python（2023）［オンライン］Available: https://matplotlib.org/（アクセス日：2023 年 10 月 3 日）
46）M. Waskom：seaborn: statistical data visualization（2023）［オンライン］Available: https://seaborn.pydata.org/（アクセス日：2023 年 10 月 3 日）
47）Plotly：Plotly Open Source Graphing Library for Python（2023）［オンライン］Available: https://plotly.com/python/（アクセス日：2023 年 10 月 3 日）
48）SciPy：SciPy（2023）［オンライン］Available: https://scipy.org/（アクセス日：2023 年 10 月 3 日）
49）F. Pedregosa, G. Varoquaux, A. Gramfort, V. Michel, B. Thirion, O. Grisel, M. Blondel, P. Prettenhofer, R. Weiss, V. Dubourg, J. Vanderplas, A. Passos, D. Cournapeau, M. Brucher, M. Perrot, E. Duchesnay：Scikit-learn: Machine Learning in Python, *Journal of Machine Learning Research*, 12, pp. 2825-2830 (2011)
50）M. Abadi, A. Agarwal, P. Barham, E. Brevdo, Z. Chen, C. Citro, G. Corrado S., A. Davis, J. Dean, M. Devin, S. Ghemawat, I. Goodfellow, A. Harp, G. Irving, M. Isard, R. Jozefowicz, Y. Jia：TensorFlow: Large-Scale Machine Learning on Heterogeneous Systems（2015）［オンライン］Available: https://www.tensorflow.org/（アクセス日：2023 年 10 月 3 日）
51）The Linux Foundation：PyTorch（2023）［オンライン］Available: https://pytorch.org/（アクセス日：2023 年 10 月 3 日）
52）National Institute of Standards and Technology：Secure Hash Standard (SHS) (2015)［オンライン］Available: https://nvlpubs.nist.gov/nistpubs/FIPS/NIST.FIPS.180-4.pdf（アクセス日：2023 年 10 月 3 日）
53）I. Pavlov：7-Zip（2023）［オンライン］Available: https://7-zip.org/（アクセス日：2023 年 10 月 3 日）
54）Free Software Foundation, Inc.：sha2 utilities: Print or check SHA-2 digests（2023）［オンライン］Available: https://www.gnu.org/software/coreutils/manual/html_node/sha2-utilities（アクセス日：2023 年 10 月 3 日）
55）Internet Engineering Task Force (IETF)：RFC 4180 - Common Format and MIME Type for Comma-Separated Values (CSV) Files（2005）［オンライン］Available: https://www.ietf.org/rfc/rfc4180.txt（アクセス日：2023 年 10 月 3 日）
56）Internet Engineering Task Force (IETF)：RFC 8259 - The JavaScript Object Notation (JSON) Data Interchange Format（2017）［オンライン］Available: https://datatracker.ietf.org/doc/html/rfc8259（アクセス日：2023 年 10 月 3 日）
57）The World Wide Web Consortium (W3C)：Extensible Markup Language (XML) 1.1 (Second Edition) (2006)［オンライン］Available: https://www.w3.org/TR/xml11/（アクセス日：2023 年 10 月 3 日）
58）一般社団法人日本デジタル道路地図協会：データベース標準（2023）［オンライン］Available: https://www.drm.jp/database/standard/（アクセス日：2023 年 10 月 3 日）
59）ITS 情報通信システム推進会議：700MHz 帯高度道路交通システム実験用車車間通信

メッセージガイドライン（2017）［オンライン］Available: https://itsforum.gr.jp/Public/J7Database/p60/ITS_FORUM_RC-013_v11.pdf（アクセス日：2023年10月3日）

60） Free Software Foundation, Inc.：libiconv（2022-5-15）［オンライン］Available: https://www.gnu.org/software/libiconv/（アクセス日：2023年10月3日）

61） J. T. Behrens：Principles and Procedures of Exploratory Data Analysis, *Psychological Methods*, 2, 2, pp. 131-160 (1997)

62） scikit-learn developers：Choosing the right estimator–scikit-learn 1.3.0 documentation（2023）［オンライン］Available: https://scikit-learn.org/stable/tutorial/machine_learning_map/index.html（アクセス日：2023年10月3日）

63） M. Bertrand, E. Duflo, S. Mullainathan：How Much Should We Trust Differences-In-Differences Estimates?, *Quarterly Journal of Economics*, 119, 1, pp. 249–275 (2004)

64） K. H. Brodersen, F. Gallusser, J. Koehler, N. Remy, S. L. Scott：Inferring causal impact using Bayesian structural time-series models, *Annals of Applied Statistics*, 9, pp. 246-274 (2015)

65） The State of Queensland：Queensland Household Travel Survey—2020-21（2021-12-22）［オンライン］Available: https://www.data.qld.gov.au/dataset/queensland-household-travel-survey-series/resource/88b9cb61-e352-4a98-b22f-f9d2ef77496e（アクセス日：2023年10月3日）

66） R. Lupton, N. Bollweg, A. Alsabbah, R. Bois, M. Mendez：IPython Sankey diagram widget Binder（2023）［オンライン］Available: https://github.com/ricklupton/ipysankeywidget（アクセス日：2023年10月3日）

67） Project Jupyter：ipywidgets: Interactive HTML Widgets（2023）［オンライン］Available: https://github.com/jupyter-widgets/ipywidgets/blob/main/README.md（アクセス日：2023年10月3日）

# 索　　引

## ――著者略歴――

2006 年　神戸大学工学部建設学科卒業
2008 年　神戸大学大学院自然科学研究科博士前期課程修了（建設学専攻）
2010 年　神戸大学大学院工学研究科博士後期課程修了（市民工学専攻），博士（工学）
2010 年　日本学術振興会特別研究員 PD
2011 年　東京工業大学助教
2016 年　東京大学講師
2021 年　東京大学准教授
2021 年　阪急阪神ホールディングス株式会社データアナリシスディレクター
現在に至る

2022 年　東京大学特任准教授（～ 2023 年）
2022 年　東京大学空間情報科学研究センター客員研究員（～現在）
2023 年　株式会社ソーシャル・デザイナーズ・ベース代表取締役社長（～現在）


**データ活用型プロジェクトのマネジメント**
Project Management for Data Utilization and Application



2024 年 3 月 27 日　初版第 1 刷発行　★

検印省略

著　者　日《くさ》下《か》部《べ》　貴《たか》　彦《ひこ》
発行者　株式会社　コロナ社
代表者　牛来真也
印刷所　壮光舎印刷株式会社
製本所　株式会社　グリーン

112-0011　東京都文京区千石 4-46-10
**発 行 所　株式会社　コ ロ ナ 社**
CORONA PUBLISHING CO., LTD.
Tokyo Japan
振替00140-8-14844・電話(03)3941-3131(代)
ホームページ　https://www.coronasha.co.jp

ISBN 978-4-339-05281-7　C3051　Printed in Japan　（新井）I